人工智能真好玩：

同同爸带你趣味编程

张 冰 编著

机械工业出版社

为什么要学编程？如何学编程？怎样才能具有编程思维、计算思维，适应人工智能时代？

编程要好玩，孩子才会有兴趣。本书案例均源自于生活，引导孩子通过不断观察身边事物，发现更多乐趣，原来编程可以这样玩，人工智能可以这样用。

分解问题，实现创意。玩也会遇到问题，教会孩子分析、拆解问题，小能力也可以实现大创意。

发散思考，迭代升级。从小需求出发，让孩子不断思考提出好问题，进阶升级，切实提升孩子思维能力。

发现生活的乐趣，带着动力趣学编程知识，切实提升思维能力，在玩中实际使用人工智能技术，阅读本书，你和孩子会感到编程、人工智能真好玩。

本书适合对编程、人工智能感兴趣的青少年、家长和老师阅读。

图书在版编目（CIP）数据

人工智能真好玩：同同爸带你趣味编程/张冰编著.—北京：机械工业出版社，2020.6

ISBN 978-7-111-65596-1

Ⅰ.①人… Ⅱ.①张… Ⅲ.①程序设计–青少年读物 Ⅳ.①TP311.1-49

中国版本图书馆CIP数据核字（2020）第081521号

机械工业出版社（北京市百万庄大街22号 邮政编码100037）
策划编辑：林 桢 责任编辑：林 桢
责任校对：张 力 封面设计：鞠 杨
责任印制：张 博
北京宝隆世纪印刷有限公司印刷
2020年11月第1版第1次印刷
184mm×260mm·14.5印张·280千字
标准书号：ISBN 978-7-111-65596-1
定价：79.80元

电话服务 网络服务
客服电话：010-88361066 机 工 官 网：www.cmpbook.com
010-88379833 机 工 官 博：weibo.com/cmp1952
010-68326294 金 书 网：www.golden-book.com
封底无防伪标均为盗版 机工教育服务网：www.cmpedu.com

同同小朋友的序言

记得从我上小学开始，爸爸带我认识了图形化编程。我还记得第一次玩是"小猫向前走"这一操作，爸爸说这里面的"小猫"可以听我指挥。我只要在界面点一下"移动 10 步"指令，"小猫"就会向前走。但玩了一会儿后，我就感觉没有多大趣味了。随后，爸爸使用了"重复执行"和"碰到边缘就反弹"两个设置，之后"小猫"竟来来回回跑了起来，只是往回跑时，"小猫"的身体却是倒立的。爸爸这时对我说："你可以想想哪个'指令积木块'能让小猫的身体正过来呢？"这个问题让我立刻精神起来，通过半天的研究，我最终在爸爸的指引下通过"旋转方式"解决了"小猫"身体倒立的问题。从此我明白了，编程可以让这只"小猫"很温顺听话，但前提是必须懂得对它发出正确的指令。

后来爸爸开通了微信公众号，他把每天给我讲的小例子都录成视频，放到公众号上。我们一起做了很多游戏，也根据我学的语文、数学内容做了很多帮助学习的小程序，还做了很多通过"侦测模块"与计算机互动的例子。尤其是在用了"人工智能服务"扩展以后，你会感觉计算机在你面前更多时候就像一个"活生生的人"，它会听你"说"，看你"做"，然后帮你"干活"。

在我学习图形化编程的过程中，我逐渐有了两点感悟。一是学习图形化编程可以减压——有时候学习累了，自己拼接一个简单的小程序，然后点一下绿旗，看"角色"按照你的想法去活动，来发出声音，当看着屏幕上"角色"滑稽的样子，那时真是一种精神的享受。这种"自己做主"的感觉比游戏会更好玩，更有成就感。二是学习图形化编程又会增压——为什么又是增加压力呢？因为有时想做一个东西，感觉挺简单，但做起来却又不知从何入手，这又逼着自己冥思苦想去尝试寻找解决途径，而其间也许还要走许多弯路，经历很多次的失败，有时无奈又烦闷。

在爸爸的这本学习人工智能的新书中，他把带领我一起学习图形化编程的每个操作实例，包括思考、尝试的过程都写了出来，就是希望帮助大家在学习图形化编程，培养编程思维的过程中压力少一些，快乐多一些，真的让编程和人工智能融入到生活中，成为我们的好帮手、好伙伴。

创造性劳动仍然是我们应对人工智能时代挑战最好的办法

不知道从什么时候开始,创造焦虑仿佛成了一种常见的销售技巧,广告说你皮肤不好,一定要想办法改善了;培训班说你偏科,肯定上不了好大学……人工智能也在说,再不学编程就要被世界淘汰了,但是人工智能时代究竟长什么样子呢?

从科学研究发展的趋势来看,人们经历了实验观察、理论演绎、计算机仿真与数值计算、大数据分析四个明显的研究范式的演变过程,接下来伴随着自然语言语义理解技术的成熟,AI 助理一定会出现在科学研究当中,它会帮助我们来搜集所有的文献资料,得出相对"公允"的结论,设计初步的实验计划,搭建初步的实验装置,预测可能得到的结果,并且对因果关系做出推测。如果说科学研究是人类最有创造力的一种劳动,那么在 AI 助理的帮助下,科学家究竟还有多少内容是他的工作呢?因此最重要的工作还是提出假设,找到值得研究的问题这样一类的基础工作。但是,如果这样的话,未来发表论文的学者们是不是应该给 AI 助理在论文上署一个名呢?

背景知识越复杂,数学工具越清晰,这个工作可能就越容易被人工智能所替代。人工智能、大数据、工业互联网、区块链这些技术你方唱罢我登场,总还是能够看到一个比较清晰的发展脉络,其中人工智能技术最梦幻,也最容易让人觉得有一种"被危机"的警觉——是不是我又被人人为创造焦虑了?如果可以这样想,这说明你的信息素养还挺好的,但是人工智能毕竟已经有了这么多的应用,伴随着技术的普及和人工智能接口技术的成熟,我们能够在小学阶段就可以学习图像识别、语音识别等技术,那么人工智能主题的创客空间要如何建设,如何在学校教育当中落实人工智能的各种应用,人工智能又会怎样改变教育的未来?作为创客空间建设的"智力"担当的人工智能又将会把创客教育推向何方?张冰老师给自己写的书取名叫《人工智能真好玩——同同爸带你趣味编程》,我想是站在一个父亲的角度写给孩子用于亲子共读的。张老师有一个微信公众号"跟我一起 Scratch"，我也是张老师公众号的粉丝，常常有家长觉得自己的孩子需要提高编程水平，我就会把这个公众号推荐给他们。本书内容详实有趣，既承载着张冰老师作为一个靠谱的人所代表的认真的学术素养，又蕴含着一个具有批判性思维的人独特的洞察力和幽默感，还隐藏着一种为人父的爱和期待，强大而有趣不也正是我们对中国未来的硬实力和软实力的期待么？现在我们来担当，未来我们的下一代来担当，人工智能时代的挑战，我相信我们和孩子担得起。

但当我们回到问题的起点，面对人工智能时代的挑战，我们应该如何看待人工智能时代中人类的角色。应当说认识自然、改造自然、与自然和谐共处，是可持续发展中技术发展始终都无法绕过的问题，这个过程当中涉及大量人与人之间的交互和沟通工作，而这也恰恰是人工智能发展的弱项。我们可以认为硅基生命本身就是碳基生命的一种进化方向，智能之间的协同是一个自然而然的过程，就像我们会参考大数据分析的意见，对政府科学施政提供有效的建议一样，智能科学和其他的技术手段一道，最终促进的仍然是资源的优化配置和可持续发展，如果本着这样的一个原则，大可不必对人工智能技术过度恐慌，而有必要去反思人和劳动的关系，创造性劳动和人的幸福的关系。因为更多的机械和痛苦的劳动被计算机和机器人替代，更多的管理决策被大数据和工业互联网替代，更多的钻营和小聪明被区块链所限制的时候，人的生活反而会变得简单，简单不会让我们变傻，而是变得更加趋向于人类的劳动本质。供给下一代从事创造性劳动的各种技能，而不仅仅是学习已有的人工智能技术的边边角角，这或许是我们应对人工智能时代挑战的最好办法。从这个角度来看，本书的讲授方式甚至比内容更具启发性。

北京景山学校　吴俊杰

2020 年 7 月 1 日于无知处书斋

推荐序二

人工智能和编程曾经听起来是挺高深的技术，不过得益于技术的进步，技术的易用性不断地提高，今天这些技术甚至可以被小学生掌握，用来帮助他们更好地去创造新东西和解决问题。学习技术本身不是目的，而是要将先进的技术作为工具，给孩子们更大的发挥创意的舞台，也给他们更强大的解决问题的能力。纸和笔是孩子们最常用的表达想法和创意的工具，而编程是数字时代的纸和笔，也是帮助他们通过计算来解决问题的工具，相对于纸和笔，孩子们有了一个更加有力的工具去表达他们的想法和创意，他们可以用编程来做动画，设计自己的游戏或者模拟现实生活中的场景，也可以用编程来做更加复杂的数据分析，解决更加复杂的问题。随着最近人工智能技术的进步，很多先进的科技公司开发了大量的人工智能功能，并且开放接口，让外部用户可以轻松调用这些先进的人工智能功能。童心制物的慧编程便集成了许多公司开发的人工智能功能，并把这些功能在图形化编程界面里做好封装，让孩子们可以轻松在慧编程中使用各种先进的人工智能功能，比如人脸识别、语音识别、机器学习等。

这本书的案例都是来自于同同爸爸和孩子真实的对话场景，生动地展现了一个有爱的爸爸是如何一步一步教孩子从编程入门到在编程中使用先进的人工智能技术的过程，书中每个项目都由非常生动的情景引入，这赋予了每个项目更多的现实意义，趣味性很强。这是一本非常好的基于项目制学习，从编程入门到进阶的指导书。书中的案例经过精挑细选，兼具趣味性和教学功能，每个案例的实现步骤很详细，并且每个案例都配了视频教程，非常用心。

通过这本书，孩子们会发现编程很好玩，编程很强大，希望这本书能够帮助孩子们打开一个新的窗口，让他们珍贵的创造力能够得到更多发挥。也希望有更多的家长能够像同同爸爸一样，不只是关心孩子的学业成绩，也能够引导孩子到更有价值的方向去探索和尝试。

王建军

Makeblock CEO

推荐序三

我们生活在人工智能时代，每天都会体验到数据、信息、算法和计算系统的便利。每一次的面部识别、语音输入和语音识别，都是我们和人工智能技术进行的交流。另一方面，计算思维中的"模块化"思想对于人工智能技术也同样起作用，因为我们被各种"黑箱"所包围。所以了解它的基本原理是非常有价值的，这能让我们更好地与科技相处，而 K12 编程教育正是揭开人工智能"黑箱"神秘面纱的高效工具。

图形化编程软件是 K12 编程教育的主要教学工具，随着实践发展，人工智能的相关功能也被置于其中。比较典型的如编程猫的 Kitten 源码编辑器、童心制物的慧编程、小喵科技的 KittenBlock、MIT 的 Scratch 等。这些工具各有所长，通过这些工具，我们便能够对神秘的人工智能技术的运作原理有基本的了解，在一定程度上打开"黑箱"。K12的人工智能教育的边界和工具设计是非常微妙的：我们既不能涉及过于底层的技术细节，又要让孩子们了解其基本原理，还要让孩子们的创造力一点就燃。无论是 AI4K12（K12人工智能工作组）等标准的设计、教学工具的设计，都要遵循这一点，本书也不例外。

这本书先讲解了 7 个基本入门程序，让你熟悉图形化编程工具的基本操作方法，为读者后续学习人工智能打好基础。接着张冰老师设计了 11 个案例来讲解人工智能，这些应用场景包括智能台灯、情绪识别、防盗报警等。每个案例还分为多个阶段，效果逐步完善，循循善诱。最后有一个"创意无极限"的栏目，启发读者思考，这有利于发散思维的培养。这本书是张冰老师和自己的孩子一起创作完成的，这是另一个重要的特点。因为只有充分了解孩子的认知能力、习惯和爱好，才能设计出让受众喜爱的图书。

此外，K12 编程教育还是培养逻辑思维、创造性思维、计算思维的高效工具。学习者在拼接积木的思考和实践过程中，三种思维都会得到训练。期待这本书能够帮助你提升思维能力，去揭开人工智能的神秘面纱。

李泽

《Scratch 高手密码》《计算思维养成指南》作者

"科技传播坊"创建者

前 言

感谢你翻开了本书，在开始之前，作为一名信息技术教师，更作为一个孩子的爸爸，我想我们可以先聊聊有关孩子学习编程的那些事儿。

我眼中的图形化编程

我接触图形化编程是在孩子上小学一年级的时候，它以极低的门槛给孩子们搭建了创造世界的平台，开启了孩子对世界的想象，创作与分享。如果说现实生活中孩子们玩搭积木是"过家家"，那么，用编程制作出的作品就是让孩子可以真正地参与到生活中去，它是极富生命力的，而且可以确确实实在生活中使用。当孩子们观察现象，发现问题后，基于自己的设想搭建脚本积木，在搭建过程中经历尝试、思考、运用的过程，就是培养逻辑思维、创造性思维的过程。甚至搭建过程中遇到的"失败"，以及克服困难的过程，也是帮助孩子更好适应未来的心理锻炼。

"程序就是看得见的思维"，每一个程序作品背后凝聚的都是思维在探索未知世界中前行的轨迹。

现在，大数据与人工智能时代已经来临，很多工作都将被具有强大的运算与分析能力的机器所替代，那么什么是机器替代不了的呢？那就是人类的探索精神、创新意识与文明浸润下的思维方式。因此我们把图形化编程归为编程语言也好，说它仅是一种创意工具也罢，但它对孩子思维的锻炼是有目共睹的。而我们需要怎样去引导孩子运用它呢？

我认为首先必须是在一个愉悦的环境中，然后从生活中发现需求，以解决实际问题为线索，让孩子将自己的想法酣畅淋漓地表达出来，并且能够让其他人也可以直观理解。这其中要综合运用到跨学科的知识——不过不用担心，我把它看作跨学科应用的黏合剂，而并非作为一个新的学科加入孩子们本已繁重的学科体系中。

家长能给孩子带来什么

亲子关系，不同于教师授课，而家长是孩子最好的陪伴者，更容易了解孩子的成长轨迹，成为他探究路上的助行者。那么孩子的学习动力在哪里？我想肯定是面对新鲜事物时，强烈的好奇心驱使他去搞明白这个事物的运行原理，然后内在的成就感和丰富的想象力又会驱使他做出自己想要的东西，实现自己生活中更需要的功能，这种"发现—探究—创造"，以及克服困难的过程经历，顺理成章地构成了一个自主学习的链条。纵观科技的发展史，每一次进步都是新需求催生出新技术，以让该需求实现，真正的学习就蕴含在孩子发现、探究与创造的过程中，花开无声，教化无形。

作为家长，我希望在本书的使用过程中，你可以陪伴在孩子身边，尽可能拿出时间与孩子一起完成每一个例子的探究与思考，孩子行为习惯的养成不在于我们说教了多少，而在于家长在陪伴的过程中观察、发现与适时地引导。在与孩子一起完善作品的同时，不光收获了孩子变得丰富的思维方式，更会收获通过亲子活动塑造的行为习惯与学习品质。我们经常教育孩子"书到用时方恨少。"其实书不见得读得少，很多时候是书中并没有答案能直接解决错综复杂的现实问题，而很多人又缺少分解、运用知识的思维能力。孩子学到的大量知识都处在"知其然而不知其所以然"的维度，当他面对一个没有标准答案的问题时，无法将问题拆解到可以解决的范畴，因此就会感到难以回答这样的问题。而生活中的培养更多是要让孩子看到事物的同时，理解事物为什么会是这样，思考自己能不能让它变得更好。家长要学会蹲下来，放低自己的身份，站在孩子的视角去思考问题的存在以及解决方法，尽可能地鼓励支持他自己想出来，去尝试、去创造、去验证、去迭代。

本书的初衷

全书共 18 个案例，看似并不多，但其实每个案例都源于现实生活中的实际问题，代表着一个应用方向的探索，而且每个案例都会迭代很多次，逐步形成成品。这个过程中，每个阶段的程序迭代，书中都以进阶的形式把它记录下来。并设计了"开心玩"，让孩子去体会创作的成就感；"试一试"，为孩子指出一条开拓思维的路径，并鼓励他继续发散扩展，以激发孩子的发散性思维。可以说，每次迭代记录下的并不是单纯的程序，而是面对问题时我们思考的路径，其中都隐含着非常具有普适性的问题解决方法。因此建议大家以读书为主，带着孩子一步步去探索，去思考，而每个案例附带的视频仅作为某个操作无法完成时再去查看的指南，不是必须要看甚至更不可直接照着去做。要知道每个例子的精髓并不是成品而是思维过程，我们是在跟孩子完成一次内功心法的修炼。请放下所有的焦虑、担忧、恐慌，就是单纯地与孩子共同参与一件事，去理解、欣赏真实的孩子，任思维自由地跳舞，这将会是一段亲子教育最美好的时光。

本书所有案例只需要具有麦克风、音箱和摄像头的计算机就可以完成，不需要任何额外硬件，以便将孩子的精力主要集中在逻辑思维与想象力的引导上。所有素材也都是软件自带的，并且还鼓励孩子自己用"画笔"去绘制，去创造，这会对他的设计、科学甚至艺术方面的提升也有很大帮助。希望在这个学习的过程中，家长可以陪伴孩子，共同探索与想象，见证孩子的成长，增进亲子关系。本书结束后，继续跟孩子一起探寻生活中的需求点，在亲子创造的路上共同成长，这也是撰写本书的初衷。

特别感谢

感谢机械工业出版社林桢编辑和相关工作人员，有你们的辛勤付出，本书才能顺利跟大家见面。感谢李泽老师带我走进图形化编程学习的大门，感谢吴俊杰老师在创客教育发展上对我无微不至的关怀与指导，感谢慧编程（mBlock）技术团队为了我的某些案例需求而专门进行的功能开发。

最后还要感谢家人对我事业的无限支持，让我可以全身心地投入到工作中。当然，更要感谢儿子张雅正小朋友帮我拍摄了部分插图，书中很多案例也源于他的想法。

当然，人无完人，虽然感觉已很努力，但难免有疏漏与不足之处，恳请大家批评指正。

学习资源

为了方便大家学习，我已将每个案例的操作视频的二维码放在了文末，我还建立了QQ群：541706355，学习过程中如有疑问可以在群中交流。"跟我一起 Scratch"微信公众号是我自 2017 年开始维护的，网名为"同同爸"，目前已有 300 多节视频课可供大家免费学习。我也会把本书案例的全部源文件放在公众号平台中，欢迎大家关注、交流。也欢迎你在学习的过程中将自己的创作发给我，我会在公众号中选取展示，期待看到大家通过我的抛砖引玉创作出更加精彩的作品。再次感谢你的阅读！

目录

CONTENTS

案例 1
认识新朋友

生活大发现

同同：爸爸，人工智能是什么？就是机器变成人吗？

同同爸：差不多，机器具备了与人一样的智能呗！

同同：难吗，什么样子的？我能学吗？

同同爸：人工智能是一个庞大复杂的体系，不过我们可以通过编程工具来学习下人工智能的应用！

你好，今后我们一起来学习！

实现小目标

认识一下新朋友——慧编程熊猫，编写程序让它从一侧走到舞台中央并向我们打招呼！

技术初揭秘

我国目前开放了四大人工智能创新平台，分别是百度、阿里、腾讯和科大讯飞，我们可以使用编程软件调用这些先进的人工智能功能来实现各种项目。本书使用的慧编程

（mBlock）是一款专门为青少年设计的编程软件，通过可视化积木拼搭的程序设计方式，给了我们将梦想变成现实的无限可能。

我们可以访问 https://mblock.makeblock.com/zh-cn/。单击主页中"进入图形化编程"按钮即可启动在线编辑器，为了能够使在线编辑流畅，建议在 Google 浏览器中打开在线编辑。

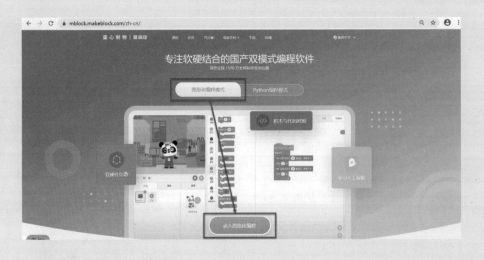

除了在网络浏览器中使用慧编程的在线版本，还可以单击主页"下载"按钮，在新页面中下载"慧编程桌面端"，运行安装程序可以将软件安装到计算机中并使用。

网页版与桌面端有些许不同，本书案例均使用桌面端操作和讲授。我们来认识一下慧编程的窗口，顶部是菜单栏，工作区域主要有四大区：舞台区、角色列表区、指令区和脚本区，其界面如下图所示。

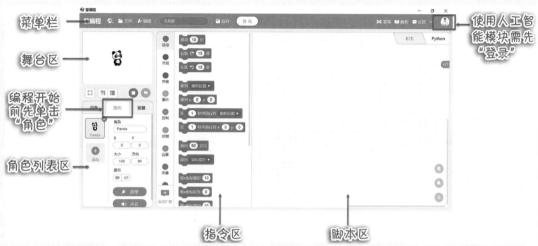

菜单栏

舞台区

编程开始前先单击"角色"

角色列表区

使用人工智能模块需先"登录"

指令区

脚本区

还要提醒大家的是，由于使用人工智能的很多扩展需要网络支持，因此我们要在联网并登录的情况下编程。同时在登录状态下保存的作品会存储在账号空间中，可以随时随地展示和修改。

1）菜单栏：顶端的长条，作用是对软件进行基本设置。

选择软件语种

作品名称

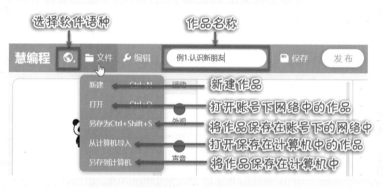

新建作品
打开账号下网络中的作品
将作品保存在账号下的网络中
打开保存在计算机中的作品
将作品保存在计算机中

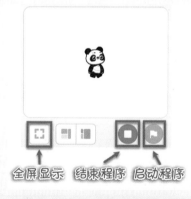

2）舞台区：舞台区会显示程序运行结果，下方是程序控制按钮和调整舞台大小按钮，用法如左图所示。

全屏显示　结束程序　启动程序

下面矩形区域就是舞台了，这个长方形可以看作一个坐标系，熊猫横着走要 480 步，竖着走要 360 步，因此用 X 表示横坐标位置数字，Y 表示纵坐标位置数字，中心点是 X =0 和 Y =0，这样一来，角色所在舞台的位置就可以一一标注出来了，如下图所示。

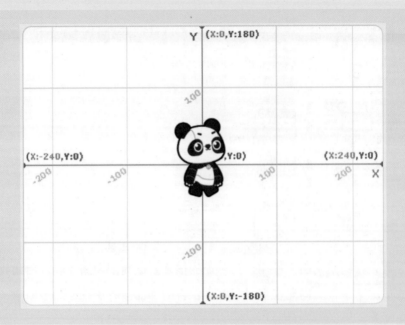

3）角色列表区：界面左侧是角色列表区，包括设备、角色和背景三个选项卡，默认选项卡为"设备"，本书我们只研究软件编程，因此开始编程前选择"角色"选项卡。熊猫右侧显示角色信息，该区域会显示当前选中角色的名称、坐标、大小等信息，角色下方"添加"按钮可以添加更多的角色。

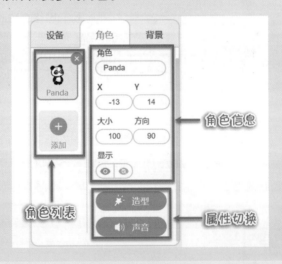

每个角色都由专属的三个部分组成：代码、造型和声音，选择"角色"选项卡后，默认为代码选项卡，造型和声音选项卡从右侧按钮打开，进入后再次单击按钮则重回代码选项卡。"代码"可以让它做很多事情；"造型"代表它的形象；"声音"可以让它发出叫声。需要注意的是，如果选中了"背景"选项卡，"造型"和"声音"按钮将变为背景属性入口。

4）指令区与脚本区：指令区的代码分为 9 大类别，各类别由不同颜色表示，内含 100 多个积木块供我们使用，我们把这些积木块拖放到脚本区进行组合，就完成了程序的设计，不需要的代码再拖放回指令区即可。需要注意的是，最下方"添加扩展"里还有很多指令类型可以添加。

介绍完慧编程，我们再来思考一下什么是"程序"？

"程序"二字中的"程"是规程、规定的意思，"序"就是顺序。用某种计算机语言，按一定的规则顺序呈现出来，让计算机能读懂的"代码"的集合就叫编写程序，简称编程。在本书中，我们使用的编程工具是慧编程图形化编程软件，这里的"代码"就是一块一块的积木，把这些积木按逻辑顺序

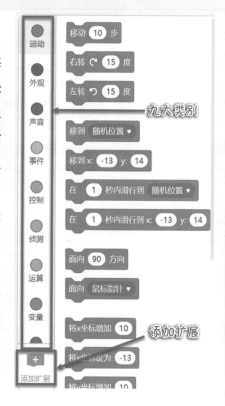

组合起来就是编程。具体的操作步骤大家不用着急，在你跟着同同父子体验编程乐趣的同时，这些积木块自然而然就会用了。

开始创作吧

基本模型

运行程序，让熊猫从左下方向上移动 100 步，再向右移动 200 步。

1. 动手做

这个操作应该分两步执行，首先熊猫在左下角站好，然后按照路线滑行。

> 第一步：选中舞台上的"熊猫"角色，将它拖动到舞台左下方。

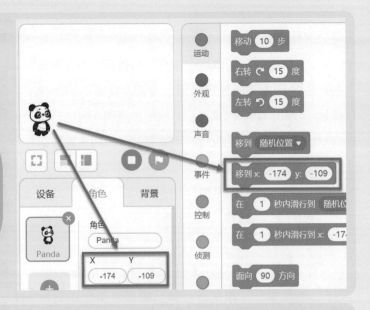

同同爸：你看熊猫的角色信息中位置坐标与"运动"类别的"移到……"积木块中坐标点数值一样，也就是说我们运行程序让它移到这个点就可以了。

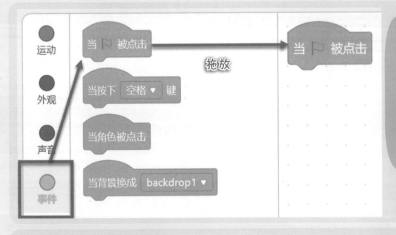

> 第二步：选中熊猫，从"事件"类别中拖放"当绿旗被点击"积木块到脚本区，如左图所示。

> 第三步：从"运动"类别中拖放"移到……"积木块，在已有积木块下方拼接，让两个积木块连接起来，使熊猫站在出发点的程序就做好了，如右图所示。

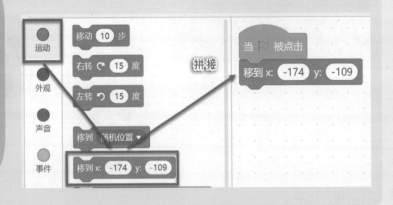

第四步：角色在舞台中是有方向的，默认向前，值为 90°（度），其余方向如右图所示。

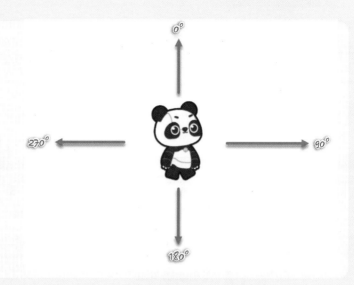

向上移动前需要熊猫方向朝上，应向左旋转 90°，然后移动 100 步，程序如下图所示。

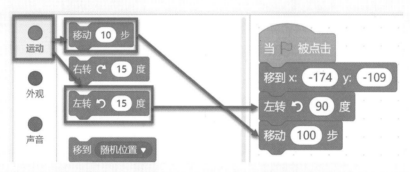

同同爸：单击舞台区右下方绿旗，运行程序，你看到熊猫行走了吗？

同同：哎，它没有动啊，直接就到结束位置了。

同同爸：并不是没有动，这是一个顺序结构，程序从上到下依次执行，我们还没反应过来，就运行完了，如果我们要看过程的话，就要控制一下时间，在出发点停顿一下再移动，可以用控制里的"等待1秒"。

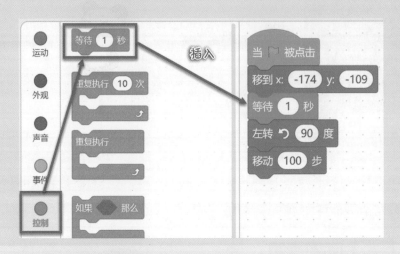

同同爸：再运行下程序，是不是如愿以偿了？

同同：天哪，更离谱了，直接钻到墙里了！

同同爸：呵呵，是啊，这回问题出在哪儿呢？

同同：明白了，是因为程序执行前的方向不是向前了！我要在开始位置把方向重新设为"面向90°方向"。

同同爸：非常好，除了定义熊猫的位置，还要定义它的状态，比如大小、方向、颜色等，这叫作程序的初始化，平时编程时一定要多注意。下面的程序就好办了，再向右旋转 90°，再移动 200 步，你自己来完成吧！

2. 开心玩

补全程序，让熊猫上移 100 步，右移 200 步，跳到终点。

试一试：

跳到终点后，你能用编程让熊猫再跳回到起点吗？

进阶一：语音问候

同同：我已经可以让熊猫按照我的想法在舞台移动了，它还可以说话吗？

同同爸：你说的都可以！说话要用外观模块，发声要用声音模块。

1. 动手做

在原有程序下继续添加积木块，从"外观"类别中找到"说……"，从"声音"类别中找到"播放声音"，并拼接在一起。

2. 开心玩

完成程序后，可以给熊猫添加一些有意思的话让其"说"出来。

试一试:

如果把"说……"换成"说……2秒",效果会有什么区别?程序没有对错之分,给爸爸妈妈讲讲你更喜欢哪个效果?为什么呢?

进阶二: 多语种的问候

同同爸: 你的程序设计好了吗?熊猫跳过来显示说话并发出声音,那它能不能把说的话换成英语啊?

同同: 那可难办了,我写的话太复杂了,早知道这样就编个简单点的了。

同同爸: 不难不难,我来给你变个魔术,两步让它变为英语。

1.动手做

第一步: 单击指令区左下方"添加扩展"按钮,添加"翻译"扩展。

第二步：从"翻译"类别中拖出"翻译"积木块，将内容写入其中，选择语种为英语，将积木块放到"说……"积木块的内容中。

舞台显示为

2. 开心玩

完善整个程序，熊猫进行两次移动后显示英文对话，并发出叫声。

试一试：

选择其他语种，看看熊猫都能说出多少种语言？

思维再延伸

同同：好灵巧的一只熊猫，还能说多国语言，真棒！

同同爸：是啊，以上我们学习了编程中的动作、事件、外观和声音，还用到了慧编程中的人工智能扩展——翻译，下面让我们回顾一下设计的整个过程。

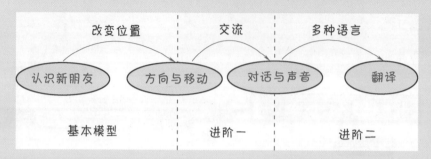

编程语言是学习人工智能的基础内容之一，掌握了编程语言才能完成一系列具体的实践。图形化编程虽然看着像在玩积木游戏，但是通过它我们可以与计算机沟通。我们要用好这个工具，将自己的创意和想法表达出来，设计程序来解决生活中的实际问题。

同同：嗯，懂了，编程是一把钥匙，带我们走进人工智能的大门！一起加油！

你学会了吗？欢迎扫描右侧二维码，观看视频课程，跟同同父子一起玩转人工智能！

智能充电站

1.顺序结构

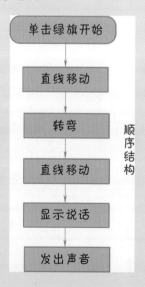

像本案例这样的程序结构被称为顺序结构，意义是从单击绿旗开始一步一步执行下面的程序。

顺序结构是最简单的程序结构，也是最常用的程序结构，只要按照解决问题的顺序写出相应的语句就可以，它的执行顺序是自上而下，依次执行。

2.自然语言处理

机器翻译就是把一种语言翻译成另外一种语言，你可能会认为这很简单，就是两种语言的转换，其实实现高质量机器翻译是很复杂的一件事，机器翻译也是人工智能的终极目标之一。

具体说来，机器翻译会面临很多挑战。比如多义词的选择，语言中一词多义的现象比较普遍，怎样选择才是最贴合原文的意思呢？再比如词语顺序的调整，由于文化及语言发展上的差异，各自在表述的时候，语序是完全不一样的，那么如何调整是最确切的呢？因此机器翻译并不只是简单的文字比对，而是需要具备人的思考能力，在理解的基础上恰当地完成翻译，目前基于神经网络的机器翻译被广泛地应用，其使用人工智能技术大大提高了翻译的准确度。

创意无极限

再思考或观察一下日常生活中还有哪些问题可以依靠编程工具来攻破，将你发现、解决问题的过程拍摄成创意视频发送给同同爸，将有机会在同同爸的公众号展示，更有机会得到奖品哦！

案例 2
求解圆周率

生活大发现

同同：爸爸，今天我们数学学习了圆，还讲了 π 的知识！

同同爸：哈哈，你知道 π 是怎么求出来的吗？

同同：周长除以直径！但是老师说要精确地测量出具体值很难！

同同爸：让我们用编程来试试吧！

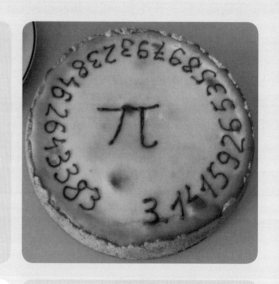

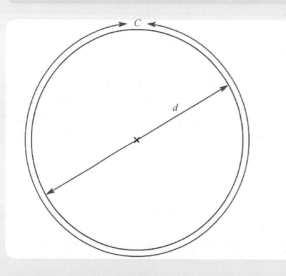

实现小目标

编程来绘制圆，再用周长除以直径求解圆周率。

技术初揭秘

我们研究圆周率 π 的值，依据的是圆的周长公式，也就是周长除以直径。精确测量圆的周长是个难题，我国古代在圆周率的计算方面做出了巨大贡献，三国时期著名数学家刘徽提出了"割圆术"，即通过圆内接正多边形细割圆周，并使正多边形的周长无限接近圆周长，进而求得较为精确的圆周率。

刘徽

那么我们的任务就是按照割圆术，绘制边数越来越多的圆内接正多边形，并使多边形的周长越来越趋近于圆，最终求解圆周率。

一起思考一下，这个问题的解决路线是什么？

绘制正多边形 边数多后求周长 求出圆直径 求出圆周率

开始创作吧

基本模型

绘制正多边形。

1.动手做

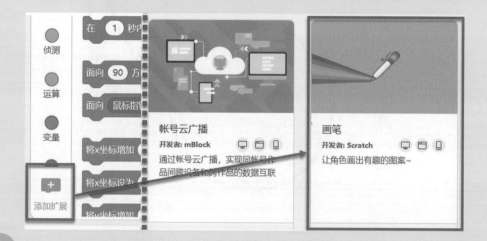

第一步：运行慧编程软件，添加扩展中的"画笔"类别，如上图所示。

如果想让角色在移动过程中留下轨迹，就需要使用"画笔"类别中的"落笔"指令，这样角色在移动过程中，就可以在舞台上作画了。画笔积木块的功能见下表。

指　令	示　例	效　果
落笔	落笔 移动 10 步	画出一条直线
抬笔	抬笔 移动 10 步	画不出线
清空	落笔 移动 10 步 清空	画出线又被瞬间擦除

这样，如果角色在落笔后边旋转边移动，就可以绘制多边形了。

第二步：画一个正多边形。首先，让我们来绘制一个边数最少的多边形——三角形，移动 3 次，旋转 3 次。程序见右表。

程　序	效　果

同同：奇怪了，三角形的每个角都是 60°，这怎么每次旋转 120° 呢？

同同爸：旋转一周为 360°，那么不管画什么样的封闭图形，最后都是回到了起点，而且方向与出发时相同，也就是旋转了 360°。正多边形每个角的度数都是相同的，可得知画正三角形每个顶点旋转的角度都是 120°。

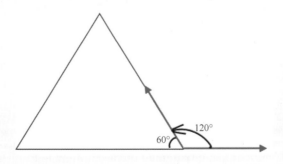

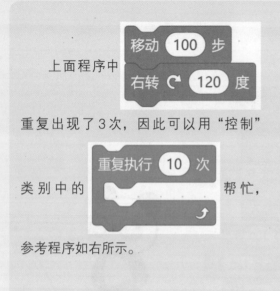

上面程序中重复出现了3次，因此可以用"控制"类别中的帮忙，参考程序如右所示。

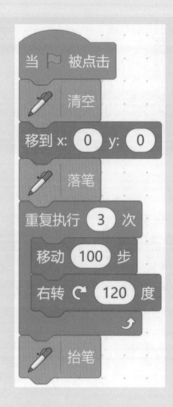

2. 开心玩

在绘制三角形的程序上加以修改，重复执行的次数就是多边形的边长，不管绘制"几边形"，完成后角色都会回归原位，这样几次之后旋转角度相加都要等于360°，同样我们画任意的正多边形，都将用360°来除以多边形的边数，得到值就是旋转的度数。也就是

> 重复执行次数 = 多边形的边数
> 重复执行次数 x 旋转角度 =360°

既然已经知道了边数、旋转角度的关系，那么我们不妨将它们设置为变量，在程序中直接计算角度，在"变量"类别中新建变量，选择"建立一个变量"，如下图所示。

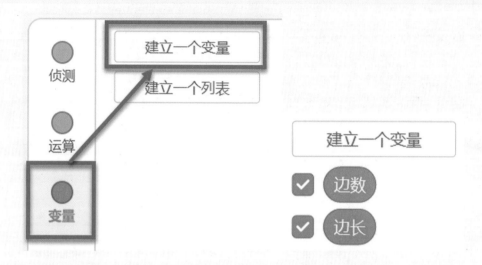

在"运算"类别中，有很多关于运算的积木块，前四个分别代表"+""－""×""÷"的运算，本例中我们用"360 ÷ 边数"来计算每次旋转的角度，绘制正多边形的程序如下。

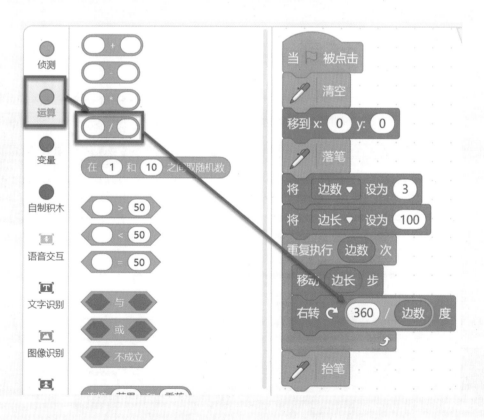

试一试:

修改变量"边数"，看能不能绘制出正多边形，将边数逐渐加多，看看图形是不是越来越趋近于圆？需注意的是，随着边数增多，边长一定要减小，以保证画笔不出舞台边界哦！

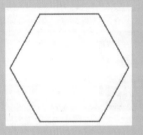
正 6 边形

正 16 边形

正 26 边形

进阶一: 找出直径

同同：哈，边数越多越像个圆了，那么直径在哪里呢？

同同爸：别急，你看把圆形纸片中间对折就是直径，那么对应的话，画正多边形到一半的时候测此时到起点的距离就可以啦（此处为了准确求出直径，正多边形边数应设置为偶数）！

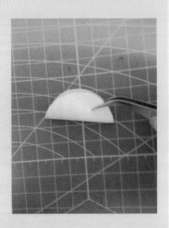

1. 动手做

第一步：首先选择角色的"添加"按钮，在弹出的对话框中选择右上方"绘制角色"，使用"笔刷"工具在"舞台中心"处点一下，这个点就是新角色，角色取名为"起点"，如右图所示。

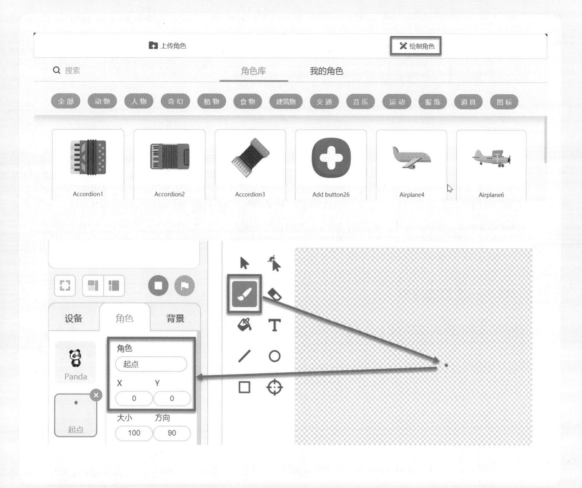

第二步：选择熊猫角色，拖放"侦测"类别中的测量距离积木块，如下图所示。在下拉菜单中选择"起点"，落点到起点的距离即可通过此模块来测量。

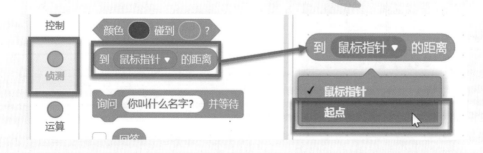

2. 开心玩

选中熊猫角色，单击测量距离的积木块，积
木块会告诉你此时熊猫距离"起点"有多远。

试一试：

拖动熊猫变换位置，单击测量距离积木块，看显示值有什么变化？

▶ 进阶二：求解圆周率

同同：周长和直径都有了，两数相除就可以计算圆周率了！

同同爸：没错，不过你打算求出的圆周率放到哪里呢？这就需要我们设置一些变量
才能计算！变量如同一个盒子，可以随时存储我们需要的值。

1. 动手做

> 第一步：新建变量。
> 我们需要新建周长、直径
> 和圆周率三个变量。

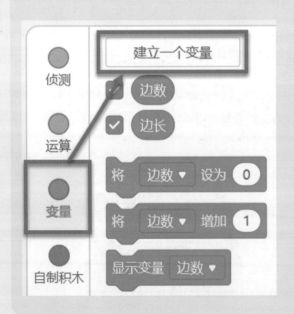

第二步：完善程序。我们以正100边形为例：周长为边长乘边数，直径为画一半时熊猫到"起点"的距离。用"运算"类别中的积木块进行计算，程序如右所示。

需要注意的是，这个程序画完后只有半个圆，如果要画整圆需要再运行一次画半圆的操作即可。

2. 开心玩

尝试输入越来越大的边数，从图形上看，随着画笔绘制的正多边形越来越趋近于圆，求得圆周率的值也越来越接近 π 的值，见下表。

正 100 边形	正 200 边形
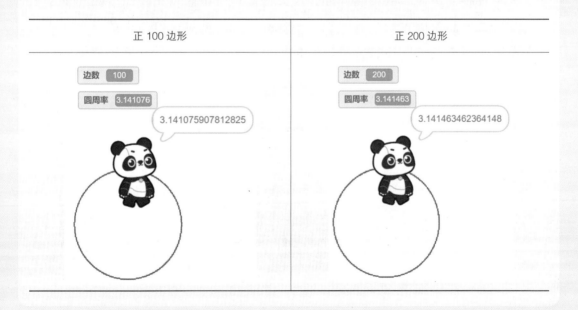	

思维再延伸

同同：我终于知道割圆术是怎么回事了，一直切割下去也许 π 的值会更精确呢！

同同爸：是的，但是无论怎么趋近于圆，正多边形始终还不是圆，所以 π 的值我们只能逐渐靠近，却得不到正解。下面，咱们再来回顾一下割圆求 π 的整个过程。

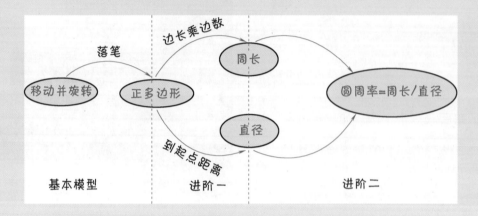

由于圆和球体在科学领域应用广泛，因此曾经在相当长的一段历史时期里，人们往往用圆周率的精确程度，作为衡量一个国家、一个民族数学发展水平的标志之一。我国古代数学一直处于世界领先的地位，作为炎黄子孙，我们一定要继承祖先的光荣传统，将现代科技掌握好，不断攀登一座座神秘的科学高峰。

同同：嗯嗯，一定要努力！

你学会了吗？欢迎扫描右侧二维码，观看视频课程，跟同同父子一起玩转人工智能！

智能充电站

1. 循环结构

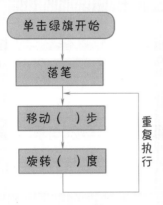

```
┌─────────────────┐
│  单击绿旗开始   │
└─────────────────┘
         ↓
┌─────────────────┐
│      落笔       │
└─────────────────┘
         ↓
┌─────────────────┐
│   移动（　）步  │ ┐
└─────────────────┘ │ 重复
         ↓          │ 执行
┌─────────────────┐ │
│   旋转（　）度  │ ┘
└─────────────────┘
```

　　本案例中绘制正多边形的过程，画笔按照指定次数移动、旋转、绘制，最终画出了正多边形，这样的程序结构被称为循环结构，其意义就是重复地执行指定的一段程序。

　　在程序设定好的情况下，计算机能够连续不断地帮我们工作，这也是程序设计中最能发挥计算机特长的程序结构。

2. 变量

　　程序中经常会有数据的变化，因此我们可以通过设置变量来存储这些变化的值，它的值不固定，角色在程序中可以随时对其进行访问或修改。这好比我们日常生活中的快递盒子，邮寄快递的人把物品放到盒子中，再给盒子写上身份信息，当收货人取盒子时，只要说出盒子的信息，就可以找到其中的东西，我们可以查看盒子中的物品并替换。今后程序中会经常用到变量，要养成按照需求自行设计变量的习惯。

创意无极限

　　再思考或观察一下数学学习中还有哪些问题可以依靠编程工具来攻破，将你发现、解决问题的过程拍摄成创意视频发送给同同爸，将有机会在同同爸的公众号展示，更有机会得到奖品哦！

案例3
巡线小车

生活大发现

同同：爸爸，我在机器人比赛上看到的巡线小车可好玩啦，它可以沿着线走。

同同爸：是吗？其实你有所不知，在图形化编程中实现小车巡线更加简单，效果也更加直观！我们一起来试一试吧！

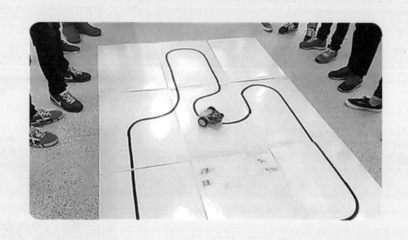

实现小目标

绘制小车角色，绘制路线背景，设置程序条件，实现小车巡线。

技术初揭秘

　　人驾驶车按照指定路线行走靠的是眼睛，同样，要让小车自动在线上行走，也要给它装上"眼睛"，我们给小车头部侦测区域画上"眼睛"，用不同颜色区分，这样就可以在黑线上侦测偏移角度从而不断调试，最终顺利行驶了。

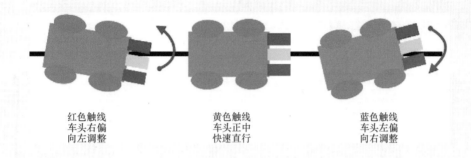

红色触线	黄色触线	蓝色触线
车头右偏	车头正中	车头左偏
向左调整	快速直行	向右调整

　　那么，我们来思考一下，这个问题的解决路线是什么？

绘制小车　👉　绘制路线　👉　侦测条件　👉　小车巡线

开始创作吧

基本模型

　　（1）小车：绘制小车（三种颜色侦测巡线）

　　（2）背景：绘制清晰巡线背景

　　（3）编制侦测程序

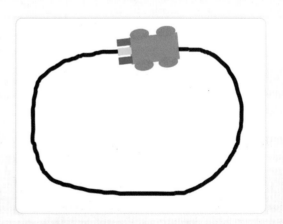

1.动手做

第一步：绘制小车。运行慧编程软件，删除默认的熊猫角色，单击"添加"按钮，在角色库对话框中选择"绘制角色"，绘制新角色。

首先选择需要使用的颜色。

再根据小车的外形绘制完整的小车。

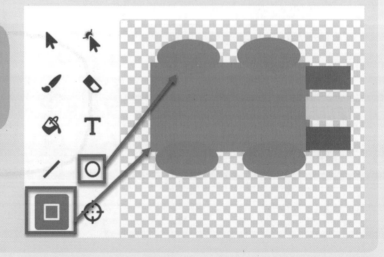

绘制完毕，选择全部造型，单击"分组"让小车化为一体，并将其移至舞台中心处，或使用"中心点"工具在角色中心位置单击，也可以达到同样效果。

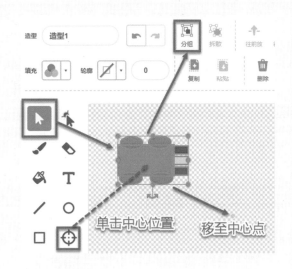

第二步：绘制背景。切换到"背景"选项卡，单击"造型"按钮，选择"笔刷"工具，调整画笔粗细，选用黑色在画板上画一个闭合的巡线路线图，如下图所示。

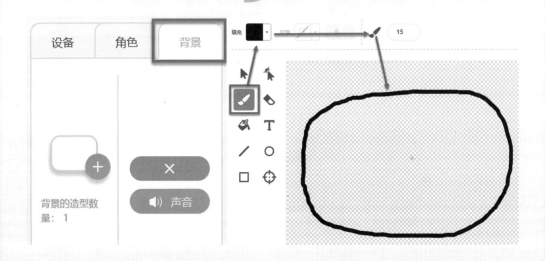

第三步：编制程序。思考小车的脚本：小车的三只"眼睛"是否碰到黑线需要用程序进行判断，慧编程编程环境中"侦测"类别有三个菱形的积木块代表对角色碰撞情况的判断，如下图所示。

从左到右，3个积木块的作用依次是判断角色是否碰到鼠标指针，角色是否碰到某种颜色和自身的某种颜色是否碰到外部的某种颜色。显然我们需要使用第三个积木块。颜色全部选取完成后，整体需要分五种情况考虑，见下表。

情　况	图　片	程　序
确定小车初始位置（起点）		移到 x: 0 y: 0
确定方向		面向 90 方向
红色触线		如果 颜色 碰到 ？ 那么 / 左转 ↺ 5 度 / 移动 1 步
黄色触线		如果 颜色 碰到 ？ 那么 / 移动 2 步

（续）

情　况	图　片	程　序
蓝色触线	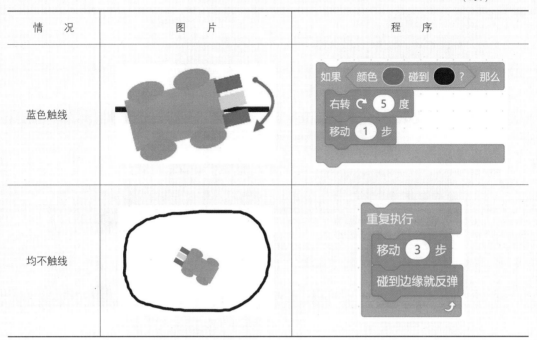	如果 〈颜色 ◯ 碰到 ● ?〉 那么 右转 ↻ 5 度 移动 1 步
均不触线		重复执行 移动 3 步 碰到边缘就反弹 ↻

用侦测积木块完成巡线情况的处理，为保证颜色的准确，程序中的颜色需要从小车前端取色，如下图所示。

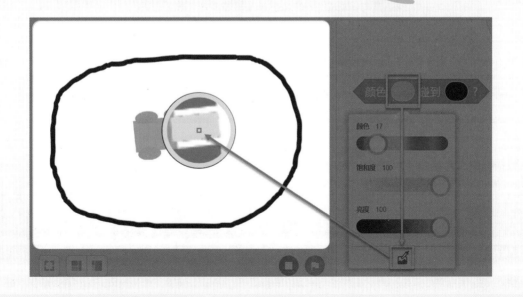

同同：哇，这就好了啊！

同同爸：别急，接下来要出现一个新的程序结构——分支结构，小车目前有四种可能情况，因此用"控制"

类别中的 不断

嵌套，得到四种可能，参考程序如右所示。

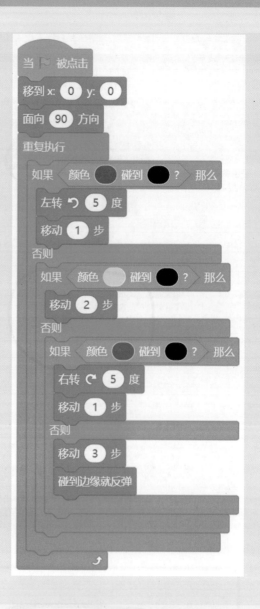

2.开心玩

单击绿旗，看看小车能巡线前进吗？试着改变不同的旋转角度和步数，看看是否会出错？

试一试：

修改巡线地图，可以是圆形、矩形、8字形等，看看哪种情况下小车巡线最容易成功。

进阶一：两光电巡线

同同爸：这个小车长了三只"眼睛"，如果我们去掉一只，比如说把中间黄色去掉，巡线还能成立吗？

同同：那就少了一种情况，不过可以试试把黄色碰黑线这种情况去掉看一下效果。

1.动手做

修改程序，去掉  积木块组合，如下图所示。

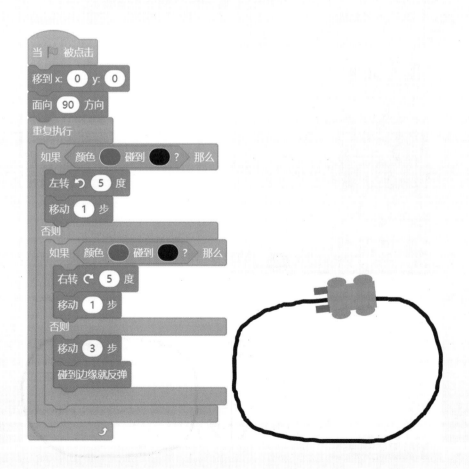

2.开心玩

单击绿旗,看看小车还能巡线前进吗?

> **试一试:**
> 观察小车运行速度和稳定性,与三只"眼睛"巡线相比有什么变化?

进阶二:一光电巡线

同同:还能再减吗?就剩下一只"眼睛"侦测,它还能巡线吗?

同同爸:可以试试!不过为了小车居中前进,这次我们保留中间的黄色模块。

1.动手做

修改程序,如下图所示。

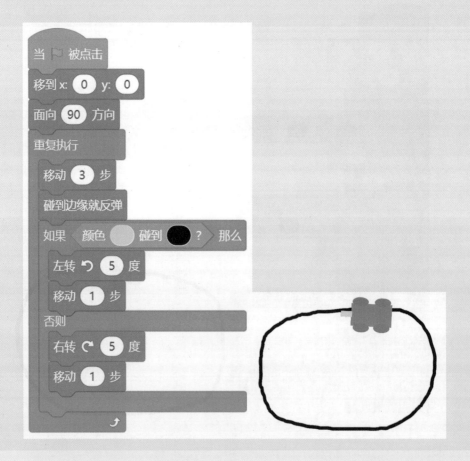

2. 开心玩

同同：试了一下，还是可以的哈！太神奇了，这是怎么回事？

同同爸：原因在于现在的小车巡线靠的是侦测地图线边缘来前进了。

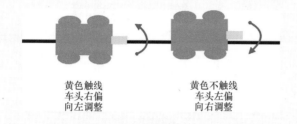

黄色触线　　　　　黄色不触线
车头右偏　　　　　车头左偏
向左调整　　　　　向右调整

试一试：

　　试着为小车添加起点和终点，新建一个"计时"变量来计算时间，观察并测试小车在几只"眼睛"巡线的情况下可以更快地到达终点？（参考程序如下）

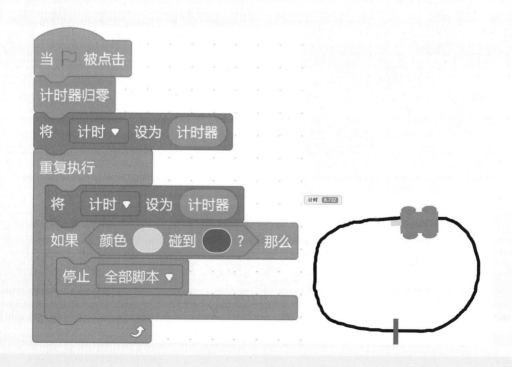

思维再延伸

同同：我终于知道小车巡线的原理了，原来就是为小车添加了几只"眼睛"！

同同爸：是的，由于我们事先制定好了颜色侦测的规则，那么运行程序后，小车就能够按照我们的意图行进了。下面，咱们来回顾一下这个"巡线小车"的设计过程。

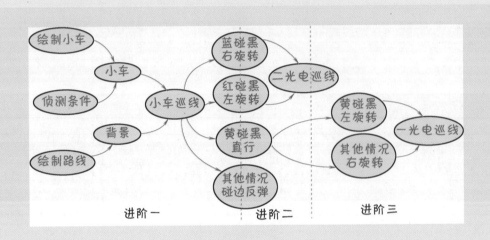

通过颜色模块，我们不光构思出小车三只"眼睛"巡线的情况，还有两只"眼睛"巡线与一只"眼睛"巡线的情况，同样你可以继续添加颜色侦测模块，数出过了多少岔路口；可以让小车在指定的岔路口报出站名；伴着背景音乐，可以变换各式各样的地图，进行赛车比赛！

同同：太神奇了，真是多变又便宜的小车！

你学会了吗？欢迎扫描右侧二维码，观看视频课程，跟同同父子一起玩转人工智能！

智能充电站

1. 分支结构

本案例小车巡线使用了侦测模块，当车头发生偏移，颜色块相碰时，程序会自动调整小车向相反方向旋转，以此达到巡线前进的目的。

这个过程是一个分支结构，也叫选择结构，用于判断给定的条件，根据判断的结果来控制程序的流程。例如本案例两只"眼睛"巡线的情况，它的流程图如右图所示。

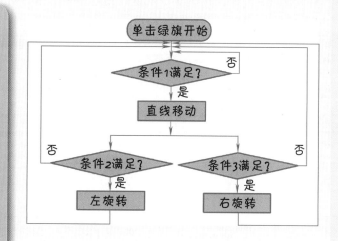

2. 无人驾驶技术

无人驾驶汽车是智能汽车的一种，也可称为轮式移动机器人，主要依靠车内的以计算机系统为主的智能驾驶仪来实现无人驾驶的目的。其集自动控制、体系结构、人工智能、视觉计算等众多技术于一体，是计算机科学、模式识别和智能控制技术高度发展的产物，也是衡量一个国家科研实力和工业水平的重要标志之一。

它的行走并非像本案例一样巡线，而是利用车载传感器来感知车辆周围环境，并根据感知所获得的道路、车辆位置和障碍物信息，控制车辆的转向和速度，从而使车辆能够安全、可靠地在道路上行驶。

创意无极限

再思考或观察一下生活环节中还有哪些设备可以依靠编程工具中的侦测来实现呢，将你发现、解决问题的过程拍摄成创意视频发送给同同爸，将有机会在同同爸的公众号展示，更有机会得到奖品哦！

案例 4
分贝仪

生活大发现

同同：爸爸，街上那个叔叔拿着仪器在测声音，你说声音能测吗？

同同爸：当然可以，不光能测，还能用程序画出图形来表示声音大小呢，我们来试试看！

实现小目标

仿真一个分贝仪，可以测量周边环境的声音大小，绘制图形反映声响变化，声响过大时提示报警。

技术初揭秘

分贝仪又叫声级计、噪声计。它是一种电子仪器，它对环境中的声音进行采样，然后由传声器将声音转换成电信号，再由放大器将微弱的电信号放大，通过公式计算声压，以数字或图形的方式呈现给我们。声压级单位是分贝，用于表示声音强度相对大小。人耳刚刚能听到的声音是 0~10dB（分贝）。分贝值每上升 20，表示声压增加 10 倍，即从 0dB 到 20dB 表示音压增加了 10 倍。

慧编程"侦测"类别中专门有"声响"积木块，可以反馈周边环境的声响大小，我们利用它来进行分贝仪的制作。一起思考一下，这个分贝仪应该有哪些主要功能，以及背后的实现模块又是什么呢？

◆ 可以反馈声响大小——侦测功能。

◆ 可以根据声响大小绘制柱形图——画笔功能。

◆ 可以在声音过大时发出警报或警告——声音功能。

实现这些功能背后的模块需要用到声响侦测、绘图和播放声音，你能将现象、功能和模块用线连起来么。

现象	功能	模块
测量声响	侦测功能	画笔
图形展示	声响功能	响度侦测
噪声预警	画笔功能	声音

答对了吧，本例中使用响度侦测模块测量声音；使用画笔模块绘制出柱形图；使用声音模块在出现噪声时预警，下面我们要实现这些基本功能。

开始创作吧

▶ **基本模型**

发出声响，熊猫会显示出当前周围环境的声响值。

1.动手做

第一步：为计算机插上话筒，选中熊猫角色，从"侦测"类别中将"声响"积木块前的复选框打对勾 ，舞台就会显示出此时声响大小。

第二步：从"外观"类别中拖放"说……"积木块，将声响放入其中后让这个组合重复执行，拼接后尝试下效果，程序如右图所示。

2.开心玩

对计算机话筒说一句话，熊猫会实时显示你声音的高低起伏。

试一试：

将"说……"积木块换成"将颜色设为"积木块，看你能不能创造出一只随声而变的熊猫？

进阶一：画柱状图

同同爸：响度值我们已经让它显示了，还让熊猫随着声音大小变换了颜色，接下来我们试着把响度值用图形表示出来！

同同：要用画笔了，柱状图的话，角色也不能是熊猫了，我们先来画个角色吧！

1.动手做

第一步：绘制立柱。运行慧编程软件，选择"角色"选项卡，单击"添加"按钮，在角色库对话框中选择"绘制角色"，绘制新角色。

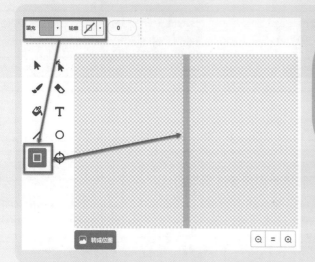

选择需要使用的颜色，用矩形工具绘制轮廓为无色的长条立柱，中点在造型中心位置。

移动立柱位置，使其上边缘在造型中心点位置。

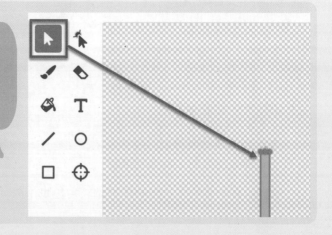

第二步：随声而动。如何让立柱与声音建立关系呢？我们已经在舞台下方藏了半根立柱，如果让这个角色的 y 坐标的值等于响度模块，那么立柱就可以随着声音大小而上下起伏了。根据这个想法，我们为立柱设计一个小程序。

第三步：调整幅度。运行中你会发现，立柱起伏并不明显，问题就在于目前响度的范围是 0~100，而坐标系中 y 的取值范围是 −180~180，我们要让它们对应起来，纵坐标高度 =（响度 ×3.6）−180，修改程序如下所示。

2. 开心玩

单击绿旗，用计算机放一首乐曲，就可以看到立柱的律动了。

试一试：
在循环中加入颜色的改变，做一个可以变换颜色的声响跳舞立柱。

▶ 进阶二：声响柱状图

同同：一个立柱跳来跳去好单调啊，怎么才能让立柱一根根地跳出来呢？

同同爸：那就保存每一次立柱的高度，然后依次向前移动，就是你要的效果啦！不过这就涉及一个新的概念——克隆。

同同：克隆？是克隆羊吗？

同同爸：差不多，这里是克隆"立柱"。程序的控制扩展中有三个积木块涉及这个概念，一个是制作当前角色的克隆体；一个是当克隆完成后，克隆体执行什么操作；还有一个是删除克隆体。

1. 动手做

第一步：我们把每一刻的响度大小用线条表示出来后，对其进行克隆操作，每经历0.1s（秒）克隆一次。

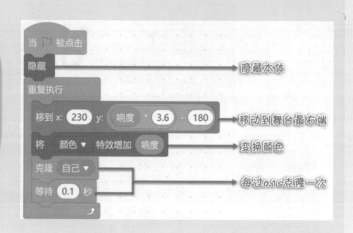

第二步：陆续生成的克隆体慢慢向左移动，当移动到舞台边缘时再将其删除。我们知道舞台最左端的x坐标为−240，因为彩色立柱也有一定厚度，因此取边缘x坐标为−230。当彩色立柱的x坐标小于−230时，立柱消失，也就是删除克隆体。这里两个数的比较需要用到"运算"类别中的对比积木块，程序如下图所示。

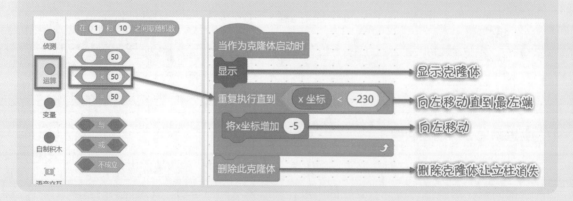

2.开心玩

唱一首歌，就可以欣赏到专门为你的歌曲伴奏的柱状图了。

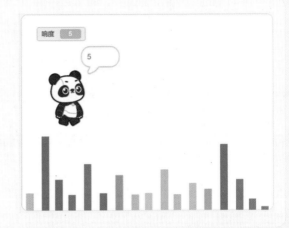

试一试：
将"颜色特效增加亮度"换成"将颜色特效设定为"，效果会怎么样？哪个更好？

进阶三：噪声预警

同同：如果响度太大就是噪声了，这时候最好来个预警！

同同爸：这个简单，给响度设一个上限值，超过了就让计算机报警。

1.动手做

第一步：添加一段报警提示音素材。单击角色选择卡下的"声音"按钮进入声音属性选项卡，单击左下方添加声音，从声音库选择 Alert 声音。

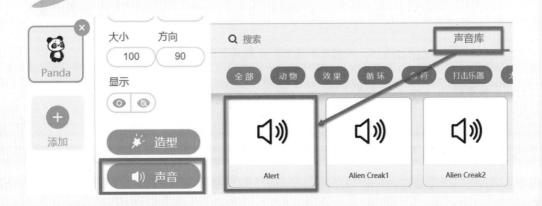

第二步：选择熊猫角色，添加程序，设置响度超过 60 则为噪声，播放提示声音。

2. 开心玩

贴近麦克风击掌或者喊话，听听程序会报警吗。

试一试：

将"播放声音……等待播完"换成"播放声音"，运行程序查看效果有什么不同？

思维再延伸

同同：没花钱，我们居然用慧编程软件做了一个分贝仪，太奇妙了！

同同爸：是的，我们是按照单个立柱随声舞动到多立柱声响记录，最终再到噪声预警这样的思路来完成作品的。下面，咱们来回顾一下这个"分贝仪"的设计过程，然后再思考一下，将各阶段实例与对应使用的技术用线连起来。

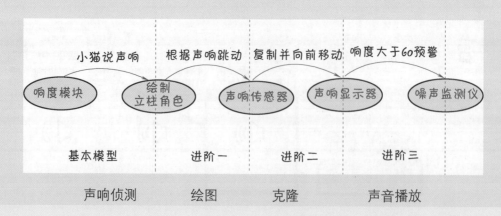

通过响度模块，我们不光可以用柱状图反映出声响大小，还可实时监测周边环境中的声音是否超出正常范围，超出时即为用户发出预警。动脑筋想一想，利用声音传感器我们还能制作出哪些创意发明呢？

同同：我会做一个声音记录器，试试哪个同学的嗓门最高，他就是高音王！

同同爸：想法不错，小心别爆掉哈！

你学会了吗？欢迎扫描右侧二维码，观看视频课程，跟同同父子一起玩转人工智能！

智能充电站

1. 克隆

本案例学习了程序中又一个重要的概念——克隆。

当程序中需要多个相同的角色时，可以使用"克隆"控制积木块，运行"克隆自己"可以复制角色，复制的角色也称作克隆体，它继承了原角色的所有属性和脚本。

复制后的角色从"当作为克隆体启动时"开始运行，每个克隆体可以有多个开始启动的积木。

当不再需要克隆体时可用"删除此克隆体"积木块进行删除操作，避免占用资源。

2. 传感器

传感器是一种检测装置，能感受到被测量的信息，并能将感受到的信息，按一定规律转换成为电信号或其他所需形式的信息输出，以满足信息的传输、处理、存储、显示、记录和控制等要求。

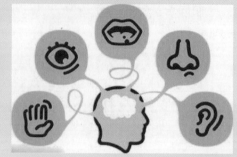

传感器是机器与互动者交流的平台，它可类比为人类的感觉器官（感官），例如图像传感器（视觉）、声音传感器（听觉）、压力传感器（触觉）、气体传感器（嗅觉）、味传感器（味觉）等。人工智能时代已经来临，生活中有很多例子都是通过传感器来帮助我们完成的。

创意无极限

再思考或观察一下生活环节中还有哪些设备可以依靠传感器来帮助我们工作，将发现、解决问题的过程拍摄成创意视频发送给同同爸，将有机会在同同爸的公众号展示，更有机会得到奖品哦！

案例 5
小风扇

生活大发现

同同：爸爸，风扇转起来好凉快，但是靠近了会有危险，咱们能不能模拟设计一个小风扇呢？

同同爸：当然可以，咱们还可以让它更智能一些，再给它安双眼睛，让它时刻看着点儿前面！

实现小目标

模拟一款能够满足生活需求的风扇。

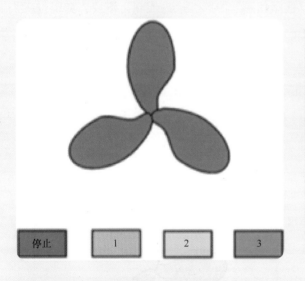

技术初揭秘

电风扇是生活中一款常用的家用电器，可以在炎炎夏日给我们送来清凉。但它的原理是通过叶片快速旋转来形成风，因此在有人靠近风扇，尤其是小朋友靠近时，容易发生危险，所以小朋友一定要远离电扇，注意安全。我们可以通过编程模拟一下风扇功能，让它在普通的模式下能够正常工作，更为重要的是，在有人靠近风扇时，它能够自动报警，提醒人注意安全、远离风扇，这犹如让风扇长出了一双眼睛。一起来思考一下，背后的技术又是什么呢？

◆ 按钮控制调节——广播与接收。

◆ 人靠近时风扇报警提醒——视频侦测。

现在，你能将现象、功能和模块用线连起来么。

现象	功能	模块
按钮调速	侦测功能	广播与接收
感应报警	事件功能	视频侦测

答对了吧，本例中"按钮"角色调节速度需要用到"事件"中的"广播与接收"积木块组合来操作，可以通过几个速度按钮调整风扇速度，也可以完全模拟风扇关闭时逐步减慢速度的过程，最重要的是运用"视频侦测"中的"运动侦测"模块，实现当有人靠近风扇时报警提醒的功能。

开始创作吧

▶ 基本模型

制作一台这样的风扇：按"1"键，风扇慢速旋转；按"2"键，风扇中速旋转；按"3"键，风扇快速旋转；按"停止"键，风扇停止旋转。

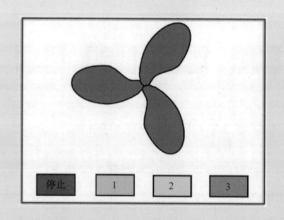

1.动手做

第一步：绘制扇叶。运行慧编程软件，本例不需要熊猫，如右图所示单击角色上的按钮删除角色。单击"添加"按钮，在角色库对话框中选择"绘制角色"，绘制新角色。

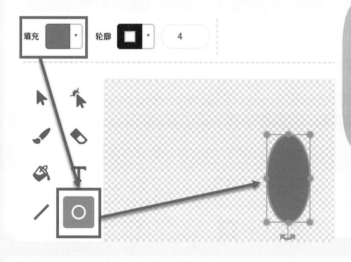

在造型绘图板中选择"圆形"绘制工具，选择工具栏中自己喜欢的颜色，在绘制区拖放鼠标，拉出一个椭圆造型。

如左图所示，之后选择"变形"图标，这时可以在图片上放置任意点，用来修整图片形状。在椭圆右侧下方放置一个点，然后使用鼠标将这个点向内部推。我们可以将这个椭圆整理成为一个扇叶的形状。

单击图形，之后单击"复制"，再单击"粘贴"，就可以复制出一个同样的扇叶，重复这个操作，直到舞台上出现三个完全相同的扇叶图形。

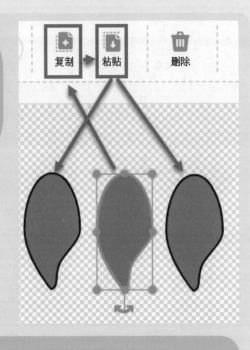

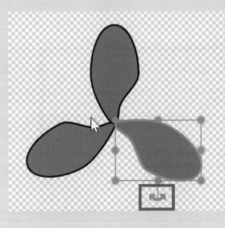

将三个扇叶根部在舞台中心点叠加在一起，然后调整方向，将三个扇叶均匀摆放。

最后单击"分组"，将三个扇叶组合成一个整体，将造型与角色都取名为"风扇"，这样一个简单的风扇就绘制完成了。

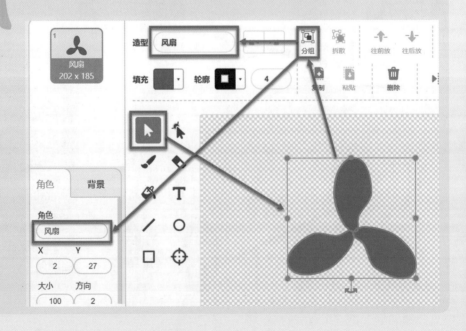

第二步：绘制按钮。选择绘制新角色，在造型绘图板中选择"矩形"绘制工具，默认为黑色边框，选择红色填充，在绘制区拖放鼠标，得到如右图所示的按钮造型，将角色取名为"停止"。

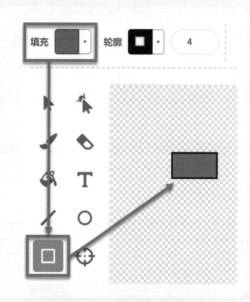

选择"文本"按钮，设置颜色为黑色，字体为中文，在按钮上输入"停止"文字。

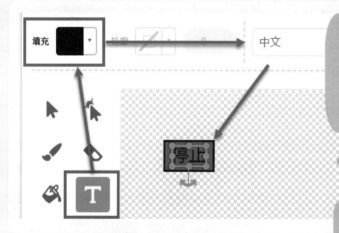

复制三次"停止"的按钮角色，将复制后的角色造型填充为不同颜色，并将角色分别取名为"1""2""3"，代表三档转速按钮，如左图所示。

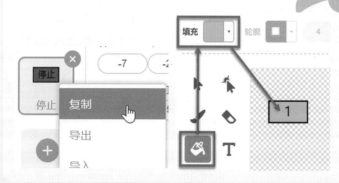

最终完成风扇与
按钮的效果图如右图
所示。

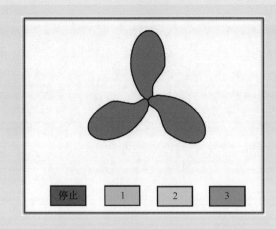

2.编程序

（1）速度按钮的程序

以按钮"1"为例，选中角色编写程序。使用"事件"类别中的"当角色被点击"
积木块为触发事件，发送广播"1"，风扇接收到"1"的广播后以慢速旋转。新建广播
消息的方法，以"1"为例，如下图所示。

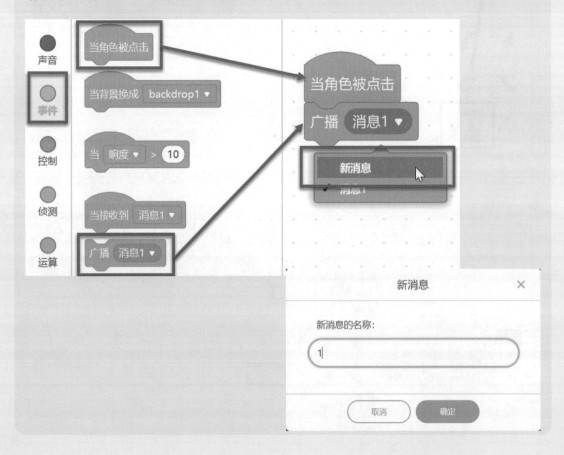

然后分别选中"2""3"和
"停止"按钮创建广播程序，方法
都同按钮"1"的程序创建步骤相
似，最终程序如右图所示。

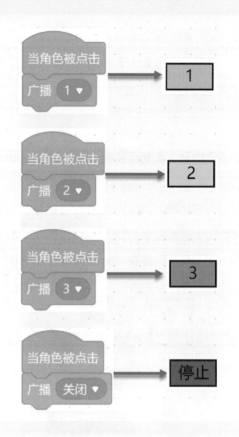

（2）风扇的程序

选中"风扇"角色编写程序，使用"事件"类别中的"当接收到……"积木块完成
程序，如下图所示。

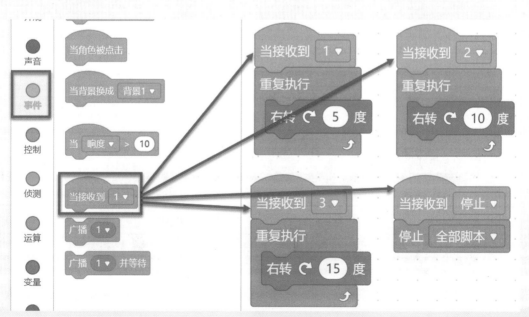

3.开心玩

这样，日常生活中的一台风扇就模拟好了，试着用三个转速按钮打开风扇，然后用"停止"按钮关闭使用。

同同：我发现这风扇有个问题，转速从小到大可以，但如果我在转速为 3 的情况下改为转速 1，它还是转得好快啊！

同同爸：那是因为后者的速度慢于前者，即使执行了，但前者速度还保持着，因此看不出速度减小的效果，所以需要将每个按钮运行转速的前面加一个条件，中止风扇的其他程序，以转速 1 为例，程序如下图所示。

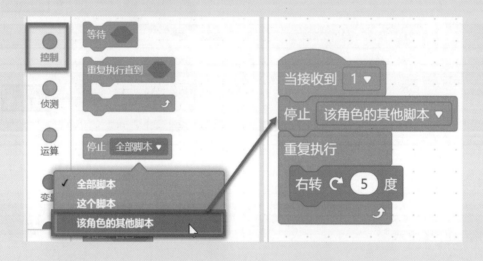

修改风扇对应三个按钮的程序，可以让风扇如真实生活中一样操控自如，修改后程序如下图所示。

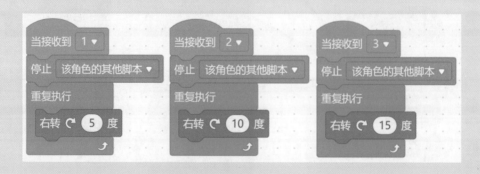

试一试：

你能不能将三个按钮键各自设置一个按下后的造型，可以让使用者明白当前按下了哪个按钮，转速是多少。

进阶一：逐渐停止旋转

同同：一按"停止"，它"刷"地一下就停了？这不大对吧，生活中风扇应该慢慢地停下来啊。

同同爸：你观察很细致啊，骤然停止固然是不对，但你有没有想过从现有转速停下来，我们该如何来记录这个现有转速呢？

同同：不同的转速就会有不同的停止前转速，这是个变化的量，我们要用到变量吧？

同同爸：好的，这可是个大动作，需要把三档风扇的转速都用变量来表示。

1.动手做

首先新建一个全局变量，可以让任何角色调用，取名为"速度"。

修改风扇程序如左图所示。

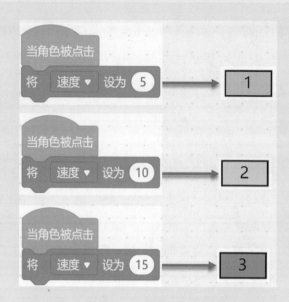

删除风扇接收三个转速按钮广播的程序，修改按钮角色程序，如右图所示。

余下的问题就是如何修改停止程序，让转速慢慢降下来，并最终停止，实际上这是个变量逐渐减小的过程，修改程序如左图所示。

2.开心玩

运行程序，先单击速度按钮，再单击停止按钮，试试风扇转动与停止的效果怎么样，过快或过慢都可以通过速度参数进行调节。

试一试：

如果把"停止"按钮程序中最后一个积木块"停止全部脚本"换成"将速度设为0"，会与原程序有什么不同，你觉得哪个更合适？

进阶二：智能风扇

同同：风扇转速让我们控制得很好了，可怎么让它智能报警呢？

同同爸：下面我们为它安双眼睛吧，让它能看到前面有东西出现，然后报警提醒。

1. 动手做

为计算机连接好摄像头，为慧编程软件添加"视频侦测"扩展。

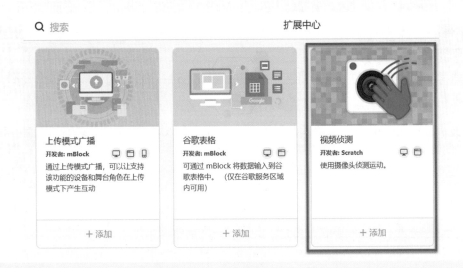

插件加载成功后，系统会打开摄像头，就好像计算机长了"眼睛"，但再次打开程序时，摄像头默认是关闭的，需要用程序开启。

选中风扇，从"视频侦测"类别中拖放"运动检测"模块，与"控制"类别中的"重复执行直到……"积木块组合，假设当视频中物体相对于风扇的视频运动大于 10，则报警提醒——"请勿靠近，注意安全"，程序如下图所示。

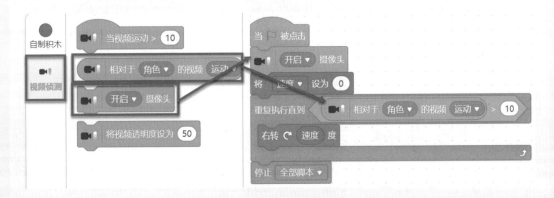

2. 开心玩

风扇在转动的过程中，有物体凑近摄像头时，风扇会立刻报警提醒。

试一试：

本案例使用侦测功能让扇叶立刻报警提醒，是防止靠近有危险，你能不能再添加一个功能，如报警后自动停止功能！

思维再延伸

同同：今天真是大开眼界，我们完全用画笔创造了一台风扇，还让它智能化地报警、转和停，生活中真有这样的风扇该多好啊！

同同爸：这可不是纸上谈兵，生活中，大家每个人都是生活物品的使用者，也是生活物品的创造者。比方说使用风扇的过程中，我们有需求，设计师们就去设计它，最终让我们的想法变为现实，批量生产，我们就可以去使用它。这样，我们的生活才会越来越好啊！下面，咱们来回顾一下这台"小风扇"的设计过程，你能再把环节图中的过程与其包含的模块（广播与接收、变量、运动侦测）用线连起来吗？

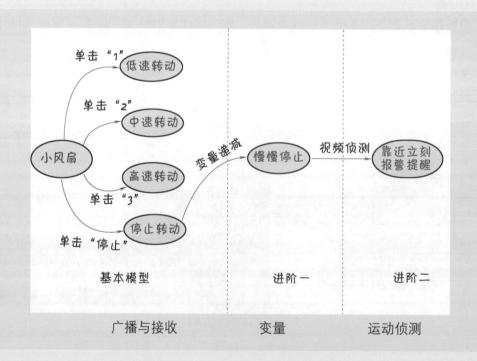

通过编程，我们还可以赋予这台风扇更多、更便利的功能，比如温度高的时候开始转动，温度低的时候自动停止；开的时候我们设好旋转时间，时间一到自动停止；或者睡觉前设定个时间，时间到了自动停止……

同同：爸爸，这些功能真实用！夏天的时候经常会关掉就热，不关又会开一夜，容易着凉，设置自动关机会帮我解决这个问题！

同同爸：现在的电风扇都有定时功能，可以解决你这个问题。发现问题，多多实践，我们的生活就会越来越好哦！

你学会了吗？欢迎扫描右侧二维码，观看视频课程，跟同同父子一起玩转人工智能！

智能充电站

1. 广播功能

本案例涉及程序的一个重要功能——广播，它可以实现多个角色之间的互动，也可以实现角色自身的程序控制。它需要同时使用"广播"积木和"接收广播"积木，仅使用其中一种积木是没有作用的。本案例按钮与风扇两个角色之间的互动用到的就是广播。

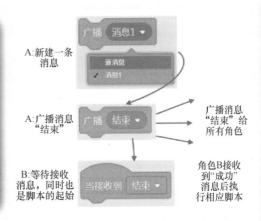

A:新建一条消息

A:广播消息"结束"

广播消息"结束"给所有角色

B:等待接收消息，同时也是脚本的起始

角色B接收到"成功"消息后执行相应脚本

2. 视觉传感器

视觉是人类观察世界和认知世界的重要手段，人类视觉主要依靠眼睛和大脑来完成对物体的观察和理解，因此视觉传感器也并不是简单地能看到，而是需要对摄像头拍摄到的图像进行图像处理，来计算对象的特征量（面积、重心、长度、位置等），并输出数据和判断结果。

随着人工智能的发展，人们不遗余力地将人类视觉能力赋予各种智能设备。那么，用机器代替人眼，生活中会有什么好处呢？首先它可以做很多重复性的劳动，人眼容易疲劳，但机器不会，就如本案例，机器帮助人实时盯着风扇前有没有人出现，以避免危险。第二，一些工厂中的专业工作靠人来做需要技术培训等一系列流程，花费比较大，而使用机器做工，设置好参数，往往精准度较高，长远成本却小很多。第三，有些特殊工作环境比较危险，不适合人工进入，这时候视觉传感器也会发挥巨大的作用。

创意无极限

再思考或观察一下生活环节中还有哪些设备用到了视觉传感技术，发挥创造力制作一下吧，给自己、伙伴和父母一个惊喜，并和父母一起将创意拍摄视频发给同同爸，将有机会在同同爸的公众号展示，更有机会得到奖品哦！

案例 6
失重体验

生活大发现

同同：宇航员在太空中走路都会飘起来，那是一种什么感觉啊？

同同爸：万物都受重力作用才能稳稳地落在地球上，而当远离地球时就会失去重力，这叫失重，失重是太空环境中十分重要的特性。你想试试吧？我们也可以用慧编程来体验一下。

实现小目标

模拟一个失重环境，能让我们体验到失重的状态。

技术初揭秘

地球表面附近的物体都受到重力作用。重力使得我们能留在地球上，而不会漂到太空中，它的大小随着高度的增大而减小。太空航天器在环绕地球运行或在行星际空间轨道中飞行时，它们远离地球和其他星球，自然处于失去重力的状态，这就是失重。

失重是太空环境中十分重要的特性。在失重状态下，由于摩擦阻力很小，人体和其他物体受到很小力的作用会保持惯性继续运动下去。一起思考一下，这个案例的实现我们如果用键盘上的方向键来体验，正常情况下发力物体怎么运动，失重情况下又会有什么不同？

生活中我们向右抛出一个球，运动的轨迹是逐渐落地的，如下图所示。

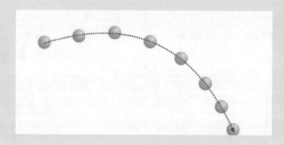

◆ 正常情况——发力会运动，停止发力会逐渐停止运动，始终受向下的重力作用。

◆ 失重状态——发力会运动，停止发力会继续运动，不受重力影响。

◆ 如何让失重体验更刺激、印象更深刻呢？

你想出来了吗？我们可以用键盘方向键控制角色的移动来实现正常状态，在上个案例中，单击停止键，风扇会慢慢停下来，其中用到了变量。本案例我们同样用变量来实现移动中"飘"起来的感觉。最后我们可以设计一款游戏，加上一些奖励与惩罚规则，这样就可以在趣味中体验失重的感觉了。

开始创作吧

▶ **基本模型**

用键盘的上、下、左、右四个方向键控制角色小球的移动，小球始终受重力影响。

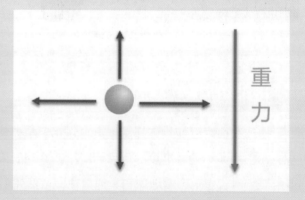

1. 动手做

第一步：选择"角色"选项卡删除默认的熊猫角色，从角色库中添加"ball"，一个小球。

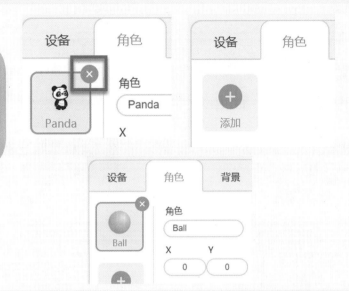

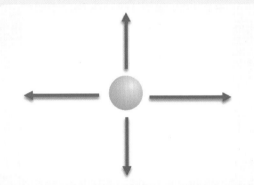

第二步：设置用方向键控制小球的移动。

使用"事件"类别中的"当按下……键"积木块完成效果，左右移动时增减 x 值，上下移动时增减 y 值。

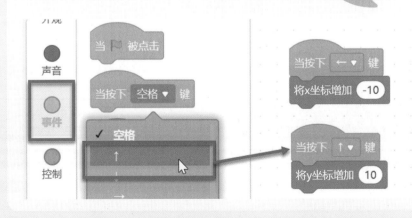

第三步：增加重力。

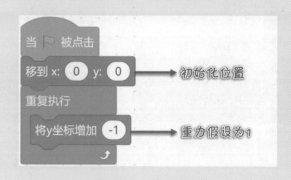

2. 开心玩

按键盘四个方向键，就可以体验键盘控制角色在舞台游走的感觉啦！

试一试：

修改"将x坐标增加……"与"将y坐标增加……"积木块为"移动……步"，这样是不是也可以移动？需要注意什么？

▶ 进阶一：小球失重

同同：现在把重力去了吧！小球就失重了，嘿嘿。

同同爸：去掉很简单，但如何保持键盘给小球四个方向的发力由于没有了阻力而不减弱呢？对比电风扇逐渐停下来的例子，我们该用什么了？

同同：变量！

1. 动手做

第一步：添加变量"水平力"与"垂直力"，并在程序运行时初始化。没有重力和阻力的影响下，重力删除，水平力与垂直力要一直保持，因此用"重复执行"积木块把这两个力固定下来。

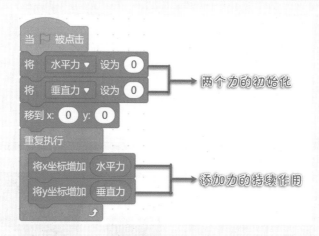

第二步：四个方向键的控制从移动步数变为两个变量力的大小。

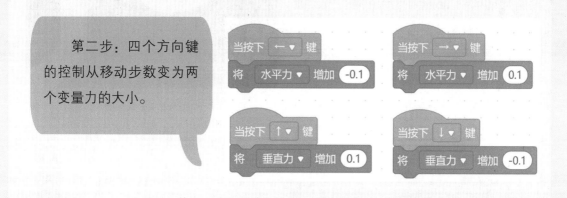

需要注意的是程序中力的变化基本单位都设为了0.1，你可以根据程序的运行状态自己修改参数。

2. 开心玩

小球本身是静止的，按上、下、左、右任何一个键马上松开，小球还会继续移动，体验一下小球失重的感觉吧！

试一试：

同时按住上键和右键，小球会怎么样？运行看看效果，联系平时抛出球逐渐下落的曲线轨迹，想想为什么会这样呢？

进阶二：时空隧道

同同爸：体验完失重，你有什么感受？

同同：真好玩，原来一旦没有了重力和摩擦力，我们想停下来都那么困难！

同同爸：是的，其实重力和摩擦力对我们的生活是很有帮助的，通过失重小球我们来设计个小游戏吧！

《时空隧道》游戏规则：

1）小球定位在左上角。

2）通过上、下、左、右键操作小球。

3）给小球设定一定的血量。

4）小球不能碰到黑色区域，一旦碰到黑色区域就会急剧地失血。

5）当血量小于或等于0，小球死亡，游戏结束。

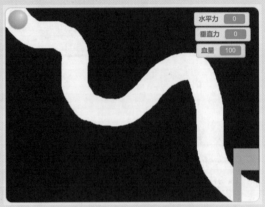

6）在舞台右下角设一个小旗子，小球碰到小旗子表示过关，游戏结束。

1.动手做

第一步：设置地图。切换到"背景"选项卡，单击"造型"按钮，在背景编辑器中将背景转成位图。

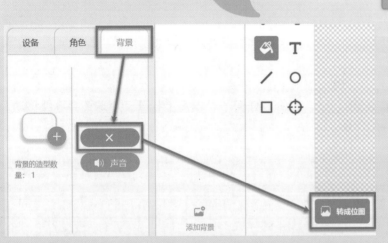

位图模式下，使用"填充"工具，将背景涂为黑色。

使用"笔刷"工具，颜色选择白色，粗细100绘制"时空隧道"，尽量画得波折有难度些，下图所画仅供参考。

原角色默认大小为100

第二步：调整小球的大小和位置。调整小球的位置和大小属性，使它从起点出发，大小能从隧道通过。

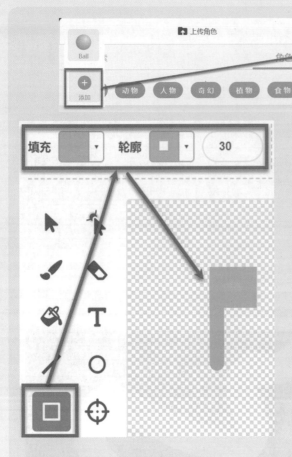

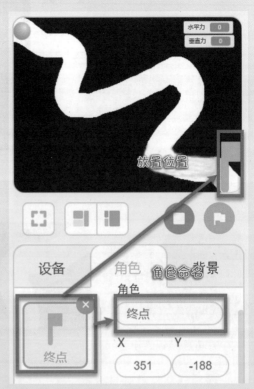

第三步：绘制终点标志。添加角色并选择绘制角色，在绘图区用画笔工具绘制两个绿色长方形组成一面旗子作为终点，将角色取名为"终点"，在舞台区把旗子摆放在终点处。

第四步：建立血量。在游戏的设计中常常要用到一些变量判断胜负，这个案例变化的就是血量。假设小球开始游戏前血量为 100，那么它的整个运动过程血量都不可小于 0，程序修改如右图所示。

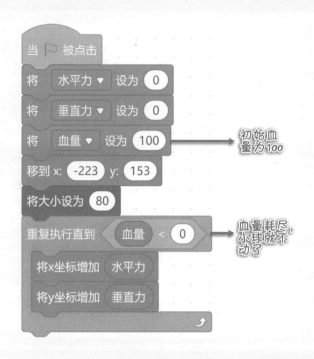

初始血量为100

血量耗尽，小球就不动了

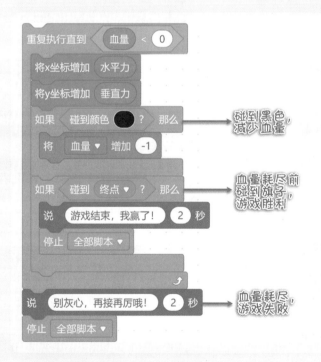

碰到黑色，减少血量

血量耗尽前碰到旗子，游戏胜利

血量耗尽，游戏失败

第五步：建立游戏规则。小球碰到黑色背景"掉血"，血量耗尽游戏失败。血量耗尽前，小球碰到旗子，为胜利到达终点。这两个选择构成了一个分支结构，程序如左图所示。

2. 开心玩

调整球的大小、地图的复杂程度或者血量的初始值，都可以增加游戏的趣味性或可玩性，试着修改并玩玩自己的游戏大作吧！

试一试：

改造这个小游戏，使它变得更好玩，游戏规则是自己制定的，比如你可以增加障碍物，碰到障碍物减血，也可以增加食物，吃了食物可以加血。总之，我的游戏我做主！

思维再延伸

同同：今天体验了失重的感觉，好神奇；后来做的游戏真刺激，好过瘾啊！

同同爸：生活中的很多现象都需要我们去仔细观察、努力思考，同样是看到苹果落地，很多人会习以为常，但是牛顿恰恰从中发现了重力的存在。我们也要积极对看到的各种现象加以思考，才会有科技的进步，新事物的产生。下面让我们回顾一下本案例的设计过程。

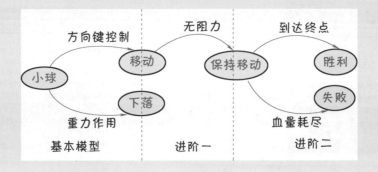

最后我们设计了一个游戏，你可以再继续设计下去，比如，你可以再设计一个岔路口，放一个食物，吃了神奇的食物能够加血或者缩小身体，会更容易过关；你也可以设计一个巫婆到处飞，小球碰到它就会回到起点；你还可以设计到达终点后启动新的地图……

同同：越来越好玩，但也越来越难了，如果是层层闯关，关卡越来越多，血量越来越少，岂不是我迟早会输啊！

同同爸：哈哈，游戏规则是事先制定好的，不管哪种游戏，设计者的最终目的都是为了使玩家沉迷其中。你既然已经学会了设计游戏，知道了它的原理，以后更不能让打游戏耽误学习了！

同同：遵命，老爸！

你学会了吗？欢迎扫描右侧二维码，观看视频课程，跟同同父子一起玩转人工智能！

智能充电站

1. 游戏设计

本案例我们设计了一款游戏，你会发现游戏设计分为策划阶段、美术阶段和程序实现阶段，每个阶段都是互相配合的。

你喜欢玩游戏吗？那你玩游戏的过程中，有没有问过自己，你为什么要玩这个游戏？除了游戏本身可以让你放松之外，多数情况下，是游戏本身有趣的属性让你着迷。在不断成功与失败的过程中，你会不断发现新的东西，这种新东西可以是新的故事剧情，也可以是新的物品、新的活动、新的等级，这就是游戏的黏性设计。就像本案例所说我们既可以设计阻碍的关卡，又可以设计可加分的苹果，还可以设置更多的新鲜事物。总之，游戏的设计就是通过揣摩玩家的心理需求设置任务，让玩家深陷其中。

2. 虚拟仿真技术

虚拟仿真技术作为一种综合集成技术，涵盖了计算机图形、人机交互、传感技术、人工智能等众多核心技术，可以逼真地模拟出我们需要的环境和实物，给人身临其境的真实体验。本案例模拟失重后可能面临的环境，而相关技术应用在航天工程中，不仅可节省大量费用，而且为反复训练提供了可能。

近年来随着人工智能的不断进步，虚拟仿真技术也应用于越来越多领域。应用于教学中，它可以让抽象的理论和复杂的操作技术直观地体现出来，有助于理解并提高兴趣；应用于各种场馆，它可以将在建或已建的物品虚拟出来，形成一个仿佛触手可及的三维环境，供大家日常浏览。

创意无极限

再思考或观察一下生活环节中还有哪些设备用到了虚拟仿真技术，发挥创造力制作一下吧，给自己、伙伴和父母一个惊喜，并和父母一起将创意拍摄视频给同同爸，将有机会在同同爸的公众号展示，更有机会得到奖品哦！

案例 7
自动排队系统

生活大发现

同同：银行和医院的叫号机怎么就能知道该谁了呢？

同同爸：道理很简单，按序号排好队，走的减，来的加，数字排好了人不就排好了吗？当然具体实施也不是那么简单的，我们可以试着用慧编程软件模拟一下。

实现小目标

制作一个银行排队系统，包括取号与叫号两个功能。

技术初揭秘

银行等客户服务网点人流量比较大，如果任由客户自行排队不仅会耗时长，还有可能在等待过程中产生纠纷。为了提高客户的满意度，这些服务网点一般都会在大厅设有取号机，客户取号后会提示还需等待多少人，然后去等候区休息，当办理业务的窗口有空位时会按照取号顺序呼叫等待区的客户，这样依次循环，给客户提供了方便温馨的服务体验。

排队过程中涉及一串数据的问题，我们需要引入一个新的概念——列表，如果说变量指的是一个盒子，那么列表就是一串盒子。请你思考一下，自动排队系统都有哪些主要功能，以及背后的实现技术又有哪些呢？

◆ 可以存储排队信息——列表功能。

◆ 可以计算排队位置——变量功能。

◆ 可以呼叫客户等待或办理——语音功能。

也许你还会发现其他功能，这次我们就主要先实现这三个功能。实现这三个功能背后的技术是数据列表技术和文字朗读技术，你能将现象、功能和实现技术用线连起来么。

现象	功能	技术
按钮取号	存储信息	变量
窗口收号	语音功能	列表
语音呼叫	确定位置	文字朗读

你答对了吧，客户进入大厅首先取号，取号系统会通过查看列表计算出前面还有几位，然后语音朗读出欢迎词与等待人次，客户在休息区等待。当营业员叫号系统的列表中排到这个客户时，语音朗读邀请客户去窗口办理业务。这个例子就是列表与朗读功能的综合运用。

开始创作吧

基本模型

客户进入营业厅，有欢迎提示，每次按下 A 键可取一个号。

您好，欢迎使用本排号系统，请按A键取号，谢谢合作！

1. 动手做

第一步：删除熊猫角色，导入新角色"Boy17"，取名为"顾客"；导入新角色" C-codey-rocky"，取名为"机器人"，如下图所示。

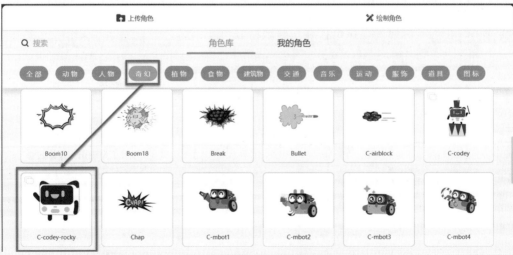

第二步：新建变量与列表。在"变量"类别中新建变量取名为"序号"，选择"建立一个列表"，取名为"排队系统"。

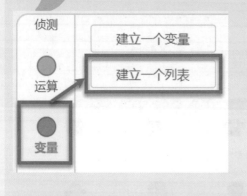

新建列表 ×

新的列表名：

排队系统

◉ 适用于所有角色
◯ 仅适用于当前角色

取消　　确定

第三步：设置欢迎词。首先单击右上方图标登录系统，然后单击"添加扩展"，添加"人工智能服务"扩展。你会发现这个扩展一共包括5个类别，"朗读"的积木在"语音交互"的类别中。

人工智能服务
开发者：mBlock　🖥 🗔
仅支持在中国境内使用。通过使用百度 AI 服务，实现图像识别、文字识别、语音识别、人体识别和自然语言处理等功能。

＋添加

选中"机器人"角色，进行编程，单击绿旗，程序启动，初始化数据，显示并说出欢迎词，程序如下图所示。

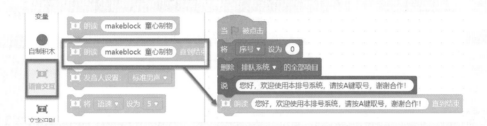

第四步：取号功能。客户按下字母"a"键，会取一个序号，因此序号变量加1，将序号加入到排号系统的列表中。

第五步：告知客户等待位数。接下来，排号系统要告诉客户前面还有多少人。这就存在两种情况：前面没有人系统报"恭喜您，您前面没有客户办理业务"。前面有人则要说"您前面还有 XX 位客户办理业务"。

同同爸：那么我们如何计算前面还有多少人呢？

同同：就是序号减1吧，比方序号是5，前面就是4个人。

同同爸：有道理，但你有没有考虑如果前面有顾客办完业务走了怎么办？就不再是手中这个序号了吧，还要将办完业务的人也减去。

同同：也是啊，我忽略了这个序号也是在变化的，那可怎么算呢？

同同爸：这时候列表的优势就凸显出来了，前面减少人，列表的长度也会减小，既然新来的客户始终处于列表的最后一个，那么他前面的人数永远是列表的长度数减1。下面，按照这个思路我们完成程序，注意一句话中字符串的拼接要用到"运算"类别中的"连接……和……"积木块。

2. 开心玩

拼接好已有的积木块，运行程序，听到引导语后，按下 A 键来依次取号，体验一下自制的取号机。

> **试一试：**
> 将程序中"朗读……直到结束"换成"朗读……"可以吗？为什么要把"说……"积木块放在"朗读……直到结束"积木块的前面，试一试再想一想，两者可以互换位置吗？有没有办法可以在朗读时显示说的内容，并在朗读结束后消失？

进阶一：窗口叫号

1. 动手做

> 第一步：导入一个新的人物角色"Boy 18"，并取名为"服务员"。

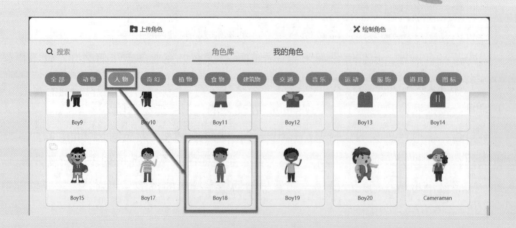

绘制矩形角色作为柜台放在服务员前，如下图所示。

第二步：选中"服务员"编写程序，当按下空格键，呼叫列表中排在第一位的客户，程序如下图所示。

呼叫过后，删除客户序号

同同爸：这里又出现了一种特殊情况：如果此时没有客户了，应该单独给服务员一个提示，这个检测要放在叫号操作的前面，运行后终止程序，不要再执行后面的内容。程序如下图所示。

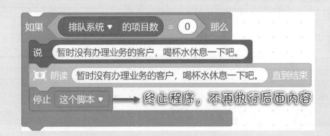

终止程序，不再执行后面内容

2.开心玩

拼接好服务员的积木块，运行程序，按下空格键，依次呼叫客户办理业务。

试一试：

有时候客户会由于疏忽，一时没有听到叫号，能不能再设一个按键重复刚才的呼号，多提醒几次客户？

进阶二：多窗口叫号

同同：很多时候营业厅是开好几个窗口的。

同同爸：那就再添加一个服务员的角色吧，看看效果怎么样！

1. 动手做

第一步：添加一个新的人物角色"Girl 5"，作为二号窗口服务员，取名为"服务员2"。

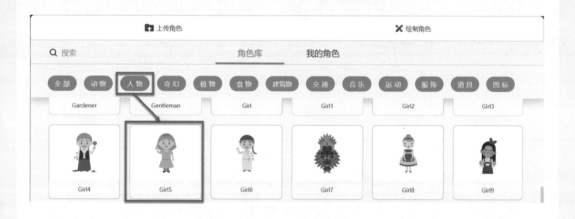

将柜台角色中间绘制一个隔断，两个服务员各在一边，窗口前用文字区分，如左图所示。

第二步：两个服务员的程序是类似的，因此我们不需要重新编写，复制"服务员"的程序给"服务员2"，方法是拖动"服务员"所有程序到"服务员2"角色上，等角色晃动时松手，程序复制完成。

区分设置两个窗口服务员的触发按钮，可以1号窗口为数字"1"键，2号窗口为数字"2"键。并且叫号的语言也要区分开，1号窗口请客户到1号窗口办理业务；2号窗口请客户到2号窗口办理业务。

2. 开心玩

请试着自己完善程序，运行后按下"1"键，1号窗口会呼叫客户；按下"2"键，2号窗口会呼叫客户。一定要注意将男女服务员语音区分开哦！

试一试：

试试看，在1号窗口正在呼叫客户时按下"2"键，两者的叫号有什么冲突吗？怎么解决这个问题呢？

同同爸：两个窗口可能会同时叫一个号，解决这个"叫号冲突"问题有很多种方法，程序设计中常设置一个开关变量，比如我们可以新建一个"开关"变量，初始情况下是1，窗口叫号时，把变量设为0，结束后再设回1。而每个窗口叫号前都要先检测这个变量的值，为0则不运行程序，这样就可以避免叫号窗口之间的冲突了。以1号窗口叫号为例，最终程序如下图所示。

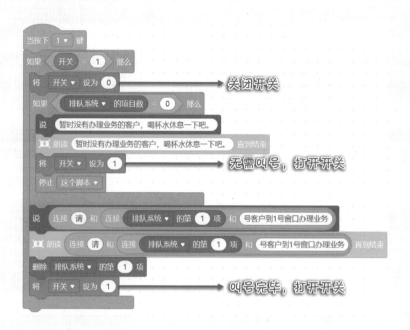

2号窗口的程序的修改你可以自己完成，此外开关的初始化要在"当绿旗被点击"处执行，如下图所示。

思维再延伸

同同：这个排队系统每个环节都有好多特殊情况，取号的时候有排第1号的情况，叫号的时候有无号可叫的情况，多个窗口叫号还有同时叫号的情况，生活细想好复杂啊！

同同爸：是啊，生活就是千奇百怪，有着各种可能。我们设计一款软件的时候要充分考虑到这些可能，有时还需要测试人员反复测试，投入使用后不断完善，一款优秀的产品才能诞生。下面，咱们来回顾一下这个"自动排队系统"的设计过程，然后再思考一下，将各阶段实例与对应使用的技术用线连起来。

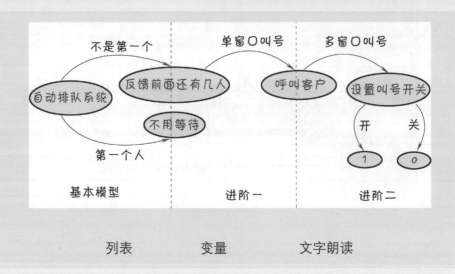

生活中变量与列表综合运用的例子还有很多，如车站播报、导航语音……公交车的报站系统是将所有站点存储在一个列表中，通过一个序号变量每过一站序号加1的方式来依次朗读站点，其中需要注意的是始发站和终点站的各种特殊情况。

同同：我可以把每天的作业导入列表，每完成一个自动删去并给我播报下一个作业，"自动排队机"摇身一变"作业小管家"。

同同爸：为你的想法点赞，用程序管理时间，做一个行动上的巨人，爸爸要向你学习！

你学会了吗？欢迎扫描右侧二维码，观看视频课程，跟同同父子一起玩转人工智能！

智能充电站

1. 列表

在很多时候我们会遇到大量具有某种共同性质的变量。比如这个"自动排队系统"，如果通过使用创建变量来保存排队号，无疑工作量将会非常大，我们也根本预测不到一天会来多少客户。这个时候我们就需要用到列表。

列表又称为数组，专门用来管理那些具有某种共同性质的变量。列表可以看成是由无数个变量组成，但这些变量在列表中的存储也不是杂乱无章的，数据之间有前后顺序。

列表

变量 → 一个抽屉

列表 → 一列抽屉

2. 文字朗读技术

文字朗读技术也称文本转换技术，就是把语音库里的语音按照文本的内容和顺序重新组织起来，并按照一定的语速播放出来，这样就实现了文字朗读。慧编程软件本身没有语音识别库，积木块运行时需要调用网络中服务器的语音数据，所以在使用这个功能时，计算机一定要接入互联网。

创意无极限

再思考或观察一下生活环节中还有哪些设备用到了文字朗读技术，发挥创造力制作一下吧，给自己、伙伴和父母一个惊喜，并和父母一起将创意拍摄视频发送给同同爸，将有机会在同同爸的公众号展示，更有机会得到奖品哦！

案例 8
卧室智能灯

08

生活大发现

同同：爸爸，每天晚上卧室灯关了之后好黑，它能等我上床后再熄灭吗？

同同爸：当然可以，我们试着让灯慢点关就好！

实现小目标

模拟一盏能够满足卧室需求的智能灯。

技术初揭秘

灯是我们日常生活中最常见的电器，根据环境与需求不同，灯的功效也不同。本例中同同关灯后，上床的过程怕黑，这就需要让他的卧室灯在关灯按钮按下后等待 5s（秒）再熄灭。当然也可以不使用按钮，改用声响或语音等方式来关灯，一起思考一下，背后的实现技术是什么呢？

◆ 按钮开关灯——广播与接收。

◆ 用喊声来关灯——声响触发功能。

◆ 用语音来关灯——语音识别技术。

实现这些功能背后的技术是广播与接收、声音侦测技术和语音识别技术，现在，你能将现象、功能和实现技术用线连起来么。

现象	功能	技术
按钮关灯	事件触发	声音侦测技术
喊声关灯	识别功能	广播与接收
语音关灯	声响触发	语音识别技术

答对了吧，本案例中"按钮"角色需要用到"事件"类别中的"广播与接收"积木块组合来执行开关灯操作，同同可以调整参数实现延时关灯；也可以使用"声音侦测"，当响度大于某个值时关灯；还可以运用人工智能的"语音识别"技术，实现用语音控制灯的开和关。

开始创作吧

▶ 基本模型

单击开灯按钮正常开灯，单击关灯按钮延迟 5s 后灯灭。

按下关灯按钮后5s灯熄灭

关灯

1. 动手做

第一步：运行慧编程软件，选择"角色"选项卡，本例不需要熊猫，单击角色右上方叉号删除角色。再单击"添加"按钮，在角色库对话窗口中选择"绘制角色"。

第二步：绘制角色"灯"。在造型绘图板中选择"圆形"绘制工具，设置为白色填充，黑色边框，在绘制区按下 Shift 键同时拖放鼠标，得到如下图白色圆灯造型，将此造型取名为"关灯"，角色名改为"灯"。

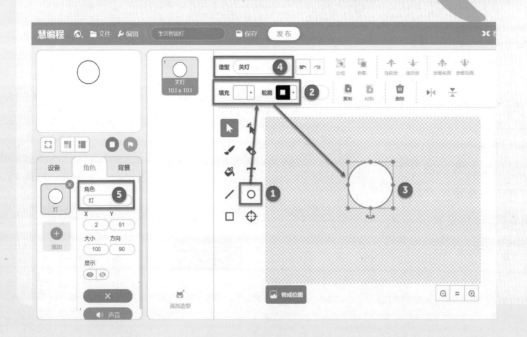

在"关灯"造型上单击鼠标右键，"复制"造型。

将复制后的造型填充为黄色或者你喜欢的颜色，造型名称取名为"开灯"。

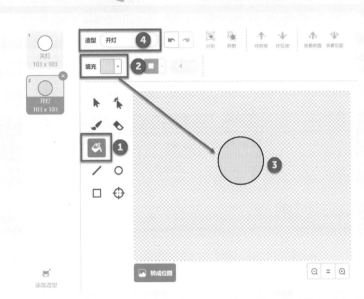

第三步：绘制角色"按钮"。再次单击"添加按钮"，选择"绘制角色"，在造型绘图板中选择"矩形"绘制工具，默认为黑色边框，选择绿色填充，在绘图区拖放鼠标，得到如下图所示按钮造型，将角色取名为"开灯"。

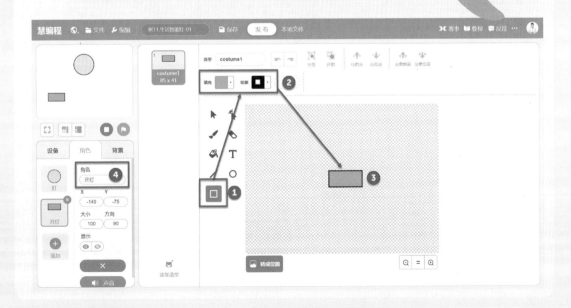

在"按钮"角色上单击鼠标右键，"复制"角色。

将复制出的角色取名为"关灯"，造型填充为红色，使用"文本"工具在红色按钮上标记文字"关灯"。选中绿色按钮角色，标记文字"开灯"。

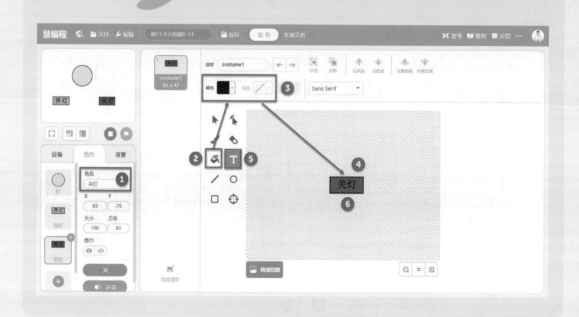

角色造型编辑完成后，单击  按钮，可退出造型编辑，进行

编程。

第四步：编程序。选中"开灯"角色编写程序，使用"事件"类别中的"当角色被点击"积木块为触发事件，发送广播"开灯"；单击红色"关按钮"，发送广播"关灯"。

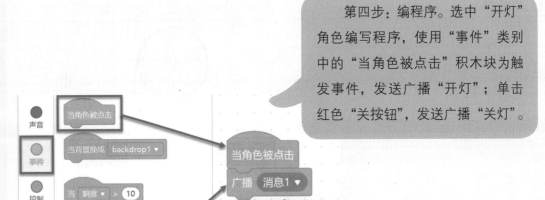

最终两个按钮角色的程序如右图所示。

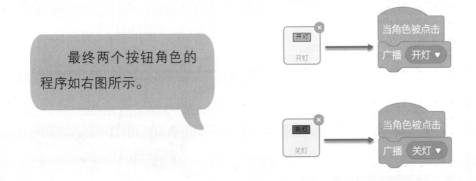

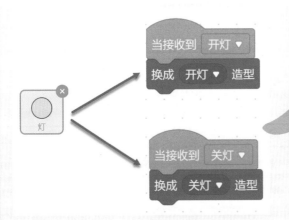

选中"灯"角色编写程序，使用"事件"类别中的"当接收到……"积木块为触发事件，接收到"开灯"广播将造型设置为"开灯"；相应地接收到"关灯"广播将造型设置为"关灯"。

2.开心玩

这样，日常生活中的一盏灯就做好了，可以单击两个按钮角色进行灯造型的切换。

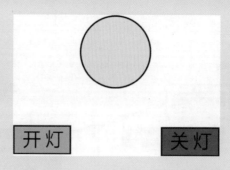

同同：这个灯是不错，但我希望它能按下按钮后过5s（秒）再关灯。

同同爸：只需要设置灯在接收"关灯"广播后等待5s再切换造型，"等待……秒"的积木块在"控制"类别中。

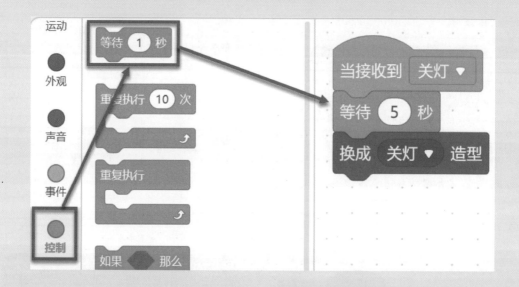

试一试：
"等待5秒"是否可以放到"关按钮"的程序中去？试着做一下，比较一下哪个程序好些？好处在哪里？

进阶一：声响控制

同同：有了这样的灯，我可以按下按钮，回床躺下等待它关灯，太棒了！那有没有可能躺在床上就可以直接发命令呢？

同同爸：哈哈，那试试声音侦测吧！

1. 动手做

为计算机连接好麦克风，拖放"事件"类别中的"当响度大于……"积木块，更换掉"当接收到关灯"事件触发，这里无须等待，立即关灯。

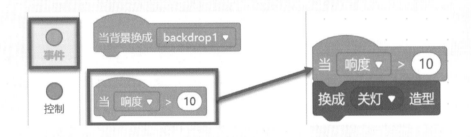

2. 开心玩

单击"开灯"按钮将"灯"打开，发出声响，看这盏灯会应声而灭吗？

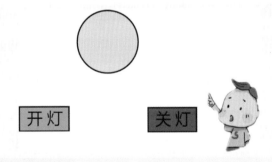

> **试一试：**
> 声响大小触发事件的参数是需要根据实际情况进行调试的，比如平时的正常说话声不能让灯关闭，而发出击掌或喊声才能关灯，修改你的参数，让其满足自己日常的需求吧！

▶ **进阶二：语音控制**

同同：灯能不能听懂我说的话，而不只是声响呢？

同同爸：经过大数据的学习，人工智能技术可以让系统接收并"听懂"我们的语音。但是，如何让计算机听懂呢？慧编程的人工智能扩展就要大显身手啦。首先如果我们的计算机没有语音输入设备，要先连接上麦克风，然后我们再看下如何添加人工智能扩展。

首先单击右上方的 图标登录系统。然后单击"添加扩展"，选择添加"人工智能服务"扩展。

你会发现这个扩展一共包括五个类别，"语音识别"的积木在"语音交互"的类别中，选中熊猫角色，从积木区拖放"开始语音识别"积木块，它能够将语音转为文字。

　　单击这个积木块，待弹出识别窗口后就可以发送语音指令了。请注意识别窗口下方的状态显示。如下面两幅图，当识别窗口显示如图 a 所示时，将会识别收到的语音；当识别窗口显示如图 b 所示时，此时能感知语音，但不会识别，这时就不要再发送语音指令了。

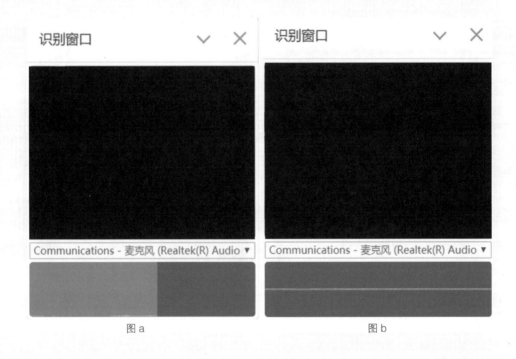

　　选中"语音识别结果"积木块前面的对号，语音识别的内容就会在舞台区显示。

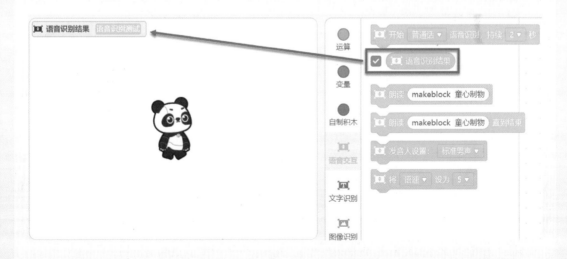

1.动手做

为计算机连接好麦克风，单击"添加扩展"，选择添加"人工智能服务"扩展。从"语音交互"类别中拖放"语音识别"积木块组合，通过识别语音中"开灯"与"关灯"的信息来为你开关灯。为了能触发"语音识别"积木块的执行，我们用"响度大于10"为触发事件。如下图所示完成程序。

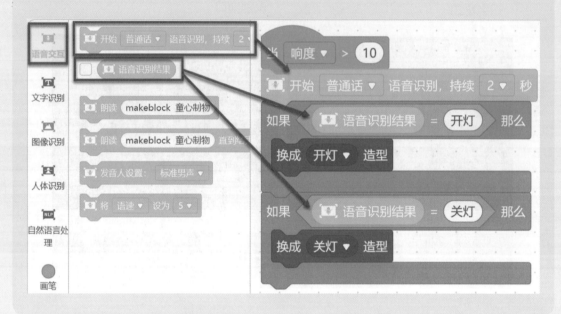

2.开心玩

先发出声响触发"语音识别"小窗口，然后对麦克风说话，待识别结束后，若识别出我们说的是"开灯"，则灯会打开；若识别出我们说的是"关灯"，则灯会关闭。

试一试：

在一段语音识别状态下，对着麦克风说"开灯关灯"，灯会开还是关？颠倒顺序，在一段语音识别状态下，对着麦克风说"关灯开灯"，灯又会怎样？

进阶三：包含识别

同同：有的时候也不一定正好说"开灯"或者"关灯"，能不能只说一个"开"字就把灯打开呢？

同同爸：这就要搜索一下我们说话的内容了，在"运算"类别中的"包含"积木块可以帮到我们。

1.动手做

可能我们打算开灯的时候说的并不是"开灯"二字，而是"开开灯"、"把灯打开"等，但中间都有一个核心关键字是"开"。因此我们使用"运算"类别中的"包含"积木块，将识别结果嵌套其中，查找是否有"开"这个字。

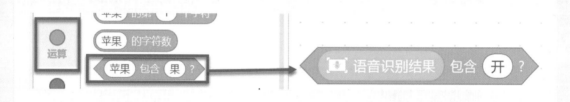

然后再用组合积木块替换纯文字命令"开灯"，实现语音中只要有"开"字就可以开灯的效果。同理，关灯效果的程序也是如此，如下图所示。

2.开心玩

邀请不同的人来屏幕前做开关灯的实验，看看是不是什么样的噪音都可以控制这盏神奇的灯。

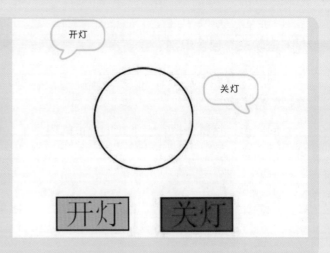

同同：如果除了灯，我还想控制别的电器，单说一个"开"字是不是容易混淆？

同同爸：在"运算"类别中还有一组表示逻辑关系的积木块，分别为"与""或""不成立"，见下表。

指　令	说　明
与	两个条件要同时满足
或	两个条件中满足任意一个即可
不成立	当内部条件不成立时，整体才满足

你所说的情况是"开"与"灯"两个字在发的命令中都要存在，这就是"与"的关系。

同同：关键字的提取很重要哦！

试一试：

用程序实现语音指令中有"开"和"灯"两个字同时存在时，灯会打开；指令中有"关"和"灯"两个字同时存在时，灯会关闭。

思维再延伸

同同：这盏灯真是太神奇了，这样看来，我们生活中的所有家具都能实现智能控制咯！

同同爸：当然啦，人工智能时代的来临会使我们的生活发生翻天覆地的变化，生活中有怎样的需求，我们就会有怎样的想法，关键是它们的出现可以让我们的生活更便捷。下面，咱们来回顾一下这盏"卧室智能灯"的设计过程，然后再思考一下，将各阶段实例与对应使用的技术用线连起来。

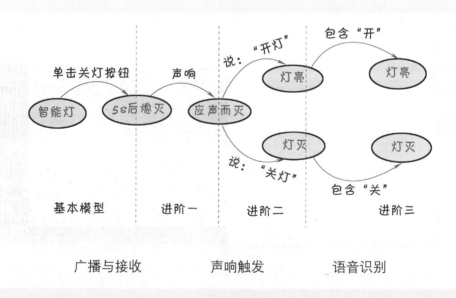

生活中更奇妙的设计源自于我们开动脑筋去思考，去创造！你想想未来我们进家后是不是可以先跟智能狗打招呼，再唤醒各种家用电器开始工作，唤醒娱乐设备为我们放音乐，多么惬意的生活啊！

同同：爸爸，我要把生活中的电器都设计成能听懂说话的，这样就可以省很多事了！

同同爸：多思多实践，你一定会成功的！

你学会了吗？欢迎扫描右侧二维码，观看视频课程，跟同同父子一起玩转人工智能！

智能充电站

语音识别技术

语音识别技术(Auto Speech Recognize，ASR)所要解决的问题是让机器能够"听懂"人类的语音，让机器通过识别和理解把语音信号转换为相应的文本或命令的技术，相当于给机器安装上"耳朵"。

人能听懂语言，是由于声波由物体振动产生，经过耳朵的一系列结构，最后声音触发了听觉神经，通过大脑进行词组分析、记忆库搜索与经验判断，将听到的语音处理成可以理解的意思。同理，语音识别是麦克风将声波转换为电信号，计算机将电信号存储为音频文件，将其数字化。机器再对语音信号进行处理，进行特征提取，将输入语音的特征矢量依次与模板库中的每个模板进行相似度比较，将相似度最高者作为识别结果输出，最后"听懂"这句话的意思。

近年来，语音识别技术取得了显著进步，开始从实验室走向市场。语音识别的应用领域非常广泛，常见的应用系统有：语音输入系统，相当于取代了键盘的作用；语音控制系统，相当于取代了操作按钮；智能对话查询系统，根据客户的语音，实现机器客服、智能服务，节约了很多人力成本。

创意无极限

再思考或观察一下生活环节中还有哪些设备用到了视觉技术和语音技术，发挥创造力制作一下吧，给自己、伙伴和父母一个惊喜，并和父母一起将创意拍摄视频发送给同同爸，将有机会在同同爸的公众号展示，更有机会得到奖品哦！

案例9
超市招财猫

09

生活大发现

同同：爸爸，怎么咱们一进超市就会有欢迎声音呢？

同同爸：哈哈，你发现了一个简单的智能设备，它的功能很简单，我们一起来实现它吧！

实现小目标

制作一个电子"招财猫"，并能够与我们互动。

技术初揭秘

生活中的招财猫是商家放在门口显著位置，用来欢迎顾客、招揽生意的。因此，让顾客感受到温馨体贴是它的主要作用。

一起思考一下，欢迎用的招财猫都有哪些主要功能，以及背后的实现技术有哪些呢？

◆ 可以发现顾客——视觉功能。

◆ 可以说欢迎词——朗读功能。

◆ 也许你还会发现其他功能，这次我们就主要先实现这两个功能。

而实现这两个功能背后的人工智能技术就是视频侦测技术和文字朗读技术，你能将现象、功能和实现技术用线连起来么。

现象	功能	技术
发现顾客	语音功能	视频侦测技术
说欢迎词	视觉功能	文字朗读技术

答对了吧，本例中使用视频侦测技术发现顾客；使用文字朗读技术给顾客一个甜甜的问候，其中视频侦测技术还可以进一步升级为人脸识别技术，来分辨顾客的身份，从而为对方提供恰当的服务，最大限度给顾客提供一个最佳的购物体验。

开始创作吧

 基本模型

挥手向熊猫致意，熊猫会说："你好！"

1. 动手做

为计算机连接好摄像头，
在"角色"选项卡下添加慧编
程中的"视频侦测"扩展，

第一步：删除默认熊猫角色，
从角色库中"动物"类别下找到角
色"Panda13"并添加。

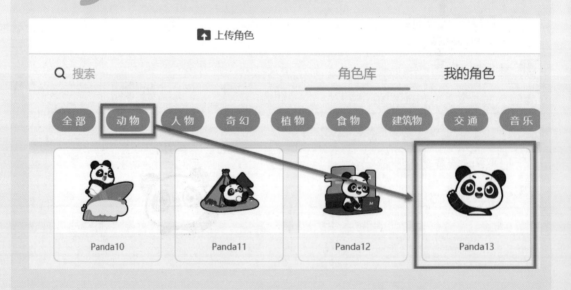

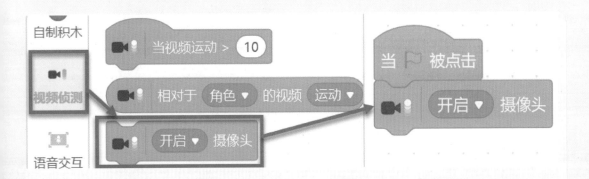

当运行程序时,开启摄像头。从"视频侦测"类别中拖放"开启摄像头"积木块与"当绿旗被点击"积木块拼接,如上图所示。

第二步:从"外观"类别中拖放"说内容"积木块,与"视频运动侦测"积木块拼接,如下图所示。

2. 开心玩

从摄像区域向熊猫挥手,熊猫会对你说:"你好!"

试一试：

将参数 10 修改为 1~100 之间任意值，用手去略过熊猫，看效果会有什么变化？

进阶一：熊猫说话

同同：光显示，不说话多没劲！

同同爸：想让它说话啊，那试试语音朗读？

1. 动手做

第一步：选择慧编程中的"人工智能服务"扩展，如右图所示。

第二步：拖放"语音交互"类别中的"朗读……直到结束"积木块到程序下方拼接，如下图所示。现在，与屏幕熊猫互动，熊猫就可以发声说话了。

2. 开心玩

从摄像区域向熊猫挥手，熊猫会对你说："你好！"，并显示文字。

试一试：

除了你好，熊猫还可能会说什么？修改说和朗读的内容，看看效果！

进阶二：欢迎与再见

同同：是不是可以让熊猫对进来的顾客说"欢迎"，对出门的顾客说"谢谢"？

同同爸：那就需要在程序中辨别一下触发的方向了！

1. 动手做

第一步：选择"视频侦测"类别中的"相对于……的视频……"积木块，在下拉菜单中选择"方向"，如右图所示。此时这个积木块就可以帮我们实现触发方向的判断了。

这里有个知识需要我们掌握，就是舞台的方向问题。如左图，在舞台这个坐标系中，面对熊猫，向右为大于0，向左为小于0。

下面我们来完成程序编写。

第一步: 利用"运算"类别中的"大于"积木块,将"相对于……的视频……"嵌套在比较的对象中,并将值设为">0",如下图所示。

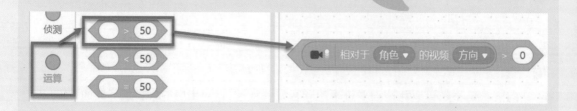

第二步: 选择"控制"类别中的"如果……那么"积木块,对上述组合进行嵌套,如果触发方向大于0,则熊猫说出并显示"欢迎光临",如左图所示。

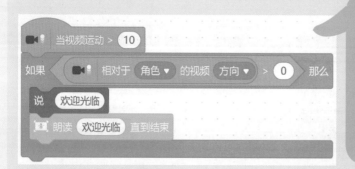

同理,还有一个方向小于0的情况,熊猫要说"谢谢惠顾"。因此第三步: 将另一种情况组合拖放到上述程序下方,并与之拼接,如右图所示。

2. 开心玩

现在，我们来测试一下程序效果，如下图所示，窗口中触发动作向右，熊猫说"欢迎光临"并显示文字；触发动作向左，熊猫说"谢谢惠顾"并显示文字。

> **试一试：**
>
> 如果将触发积木块"当视频动作＞10"积木块换成"当绿旗被点击"积木块，程序是否也成立？效果有什么区别？

▶ 进阶三：贴心服务

同同：这个"招财猫"能不能看出顾客是男还是女，然后打不同的招呼啊？

同同爸：恐怕仅仅视频侦测满足不了你的要求了！我们需要人工智能中的"人脸识别"技术，先让系统识别出顾客性别，然后再打不同的招呼。

1. 动手做

我们利用"人体识别"类别中的"人物特征识别"积木块对人脸进行性别、年龄等特征的检测。首先选择性别检测积木块，其中包括两个选项：男性与女性。那么这又是一个分支结构：顾客进门，先进行人脸检测，如果识别结果为男性，说"先生，欢迎光临！"；如果识别结果为女性，则说"女士，欢迎光临！"，如下图所示完成程序。

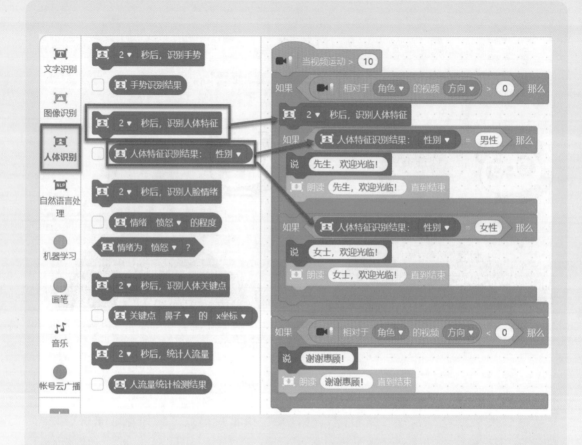

2. 开心玩

邀请不同的人来屏幕前做向右的操作，"招财猫"会根据性别说"先生，欢迎光临"或"女士，欢迎光临"，并显示相应文字。

同同：越来越有意思了，对了，针对不同的顾客，熊猫能换嗓音吗？

同同爸：可以，不过要把"发音人设置"积木块拼接在朗读积木块前，然后像这样选择不同的语音。

同同：啊哈，太棒啦！

试一试：

不同的顾客可能喜欢不同的嗓音，这样会更人性化，用不同的嗓音完成不同的互动效果吧！

思维再延伸

同同：今天的"招财猫"做得太有意思啦，不过感觉还有无限可能呢！

同同爸：当然啦，生活中有不同的需求，我们就会有更奇妙的设计，关键是我们要开动脑筋去思考，这个例子看似简单，其实运用了很多人工智能的知识，下面，咱们来回顾一下这个"超市招财猫"的设计过程，然后再思考一下，将各阶段实例与对应使用的技术用线连起来。

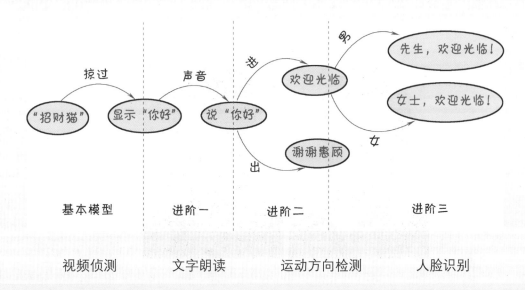

你可以继续发掘拓展，比如，能不能使用"人体特征识别"中的其他积木块完成更细致的人脸识别：对年纪大的老人进行温馨提示；对外国朋友提供英文服务……

同同：啊哈，我要做一个家庭的欢迎机，爸爸坐到前面就说"爸爸，我爱你"，妈妈坐到前面就说"妈妈，我爱你"，给她一个惊喜！

同同爸：谢谢你，孩子，我跟妈妈也很爱你！

你学会了吗？欢迎扫描右侧二维码，观看视频课程，跟同同父子一起玩转人工智能！

智能充电站

脸部特征识别技术

人脸识别，是基于人的脸部特征信息进行身份识别的一种生物识别技术。常见应用包括人脸检测、人脸比对、人脸查找、人脸属性检测、五官定位等。

想想我们是如何通过看脸来分辨一个人的？应该是通过五官、长相等一系列相关信息结合经验来判断。但机器并不懂五官是什么，它只认数据。因此人脸识别的原理可以简单理解为：通过大量样本，进行标定后，建立模型，用摄像头采集含有人脸的图像或视频流，进而对人脸进行有针对性的识别处理。人脸识别的过程包括四部分，分别是"人脸采集""人脸检测""特征提取"与"人脸识别"。

人脸采集

人脸检测

特征提取

性别：男

人脸识别

创意无极限

　　再思考或观察一下生活环节中还有哪些设备用到了脸部特征识别技术，发挥创造力制作一下吧，给自己、伙伴和父母一个惊喜，并和父母一起将创意拍摄视频发送给同同爸，将有机会在同同爸的公众号展示，更有机会得到奖品哦！

案例 10
情绪监测仪

生活大发现

同同：爸爸，体温用温度计测量，血压用血压仪测量，心情能测量吗？

同同爸：这个问题嘛，心情是一个多方面的表现，不过我们可以设计一个情绪监测仪，通过你的脸部表情推断你的情绪。

实现小目标

设计一个情绪监测仪，通过分析面部表情所表达的信号，获得情绪结果，并给出相应的反馈。

技术初揭秘

对于"人工智能"，我们总是希望它不仅具备超越人类的计算感知能力，而且能够与人进行情感交流，满足人的情感和心理需求。但是，"人类情感"这个异常复杂，甚至可能连我们自己都还没搞清楚的问题，如何让冷冰冰的机器理解呢？换个角度思考，机器并不需要弄懂人类情感的本质，只需要对表达情感的各种信号（面部表情、语调、语言等）进行分析并输出结果就可以了。

于是，现在你在市面上看到了很多种"陪伴式情感机器人"。它能够通过判断人类的面部表情和语调等，"读"出人类情感、与人交流。一起思考一下，这些能读懂人情绪的机器人都有哪些主要功能，以及背后的实现技术呢？

◆ 可以看到表情——视觉功能。

◆ 可以分析表情——识别功能。

◆ 可以语音交流——朗读功能。

实现这些功能背后的人工智能技术是视频侦测技术、情感识别技术、文字朗读技术，你能将现象、功能和实现技术用线连起来么。

现象	功能	技术
看到表情	视觉功能	人体特征识别
分析表情	朗读功能	视频侦测技术
语音交流	识别功能	文字朗读技术

答对了吧，本案例中使用视频侦测技术看到脸部表情；再收集数据并使用人体特征识别技术分析脸部信号进行情感识别，得出结论后使用文字朗读技术给用户相应的调节回馈，帮助用户调整心态，缓解情绪。

开始创作吧

基本模型

运行程序，根据用户面部表情，小熊猫会给出反馈。

你有一颗平常心，可以长命百岁。

识别窗口　∨　✕

Communications - 麦克风 (Realtek(R) Audio ▼

1.动手做

为计算机连接好摄像头，添加慧编程中的"人工智能"扩展，选中小熊猫角色，从"人体识别"类别中拖放"情绪识别"积木块，分析结束后显示结果并语音播报出来。编写程序有两种方案，如下图所示。

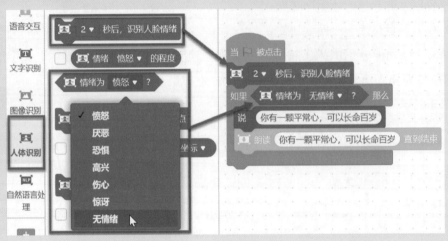

方案一

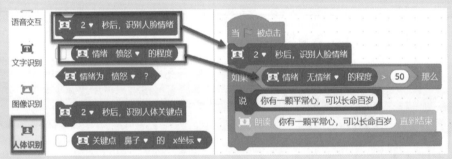

方案二

2.开心玩

运行程序后，在摄像区域保持无表情状态，小熊猫会对你说："你有一颗平常心，可以长命百岁！"第一种方案如不成功，可选用第二种方案调整程度参数。

> **试一试：**
> 修改"情绪为……"积木块中的选项，看看能不能监测自己的其他心情？

进阶一：情绪监测

同同：目前这个仪器只能测试一种情绪，而且每次测试前还要单击一下运行，情绪会不自然的。

同同爸：是的，既然是情绪监测，就要包括多种情绪，不断地测试，我们试试重复执行吧。

1. 动手做

从"人体识别"类别中拖放"情绪识别"积木块，多选几种心情按照上一个例子样式，比如选择高兴与伤心，最后，将整个测试过程放入"重复执行"中，程序如右图所示。

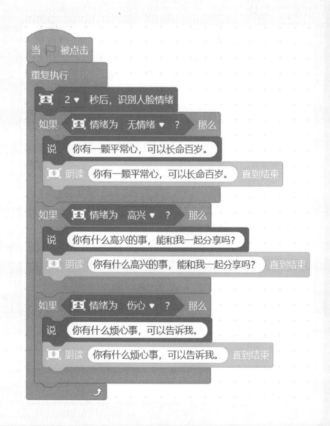

2. 开心玩

当前慧编程可识别的情绪主要有 7 类，具体为愤怒、厌恶、恐惧、高兴、伤心、惊讶、无情绪，你可以多多放置一些情绪选项，运行程序后，在摄像区域可以随意做出表情，计算机会识别并给出反馈。

试一试:

本例中"朗读……直到结束"积木块可不可以换成"朗读……"积木块，为什么？自己试一试，对结果做出解释。

进阶二：调节情绪

同同：如果监测出来是不开心，能不能对使用者进行一些安慰呢？

同同爸：我们的一些问候语起的就是这个作用，不过还可以做得更细致一些，比如分析情绪结果是伤心，则可以试着让程序讲一些笑话来帮助他调整情绪。

1.动手做

第一步：新建列表"笑话库"，用记事本批量导入一些笑话。列表导入数据有两种方法，第一种方法是单击列表左下方加号，依次添加。第二种方法把所有笑话，每条内容为独立一段，制作成独立的文本文件（TXT 格式），在列表上单击鼠标右键将文本中的内容导入列表。

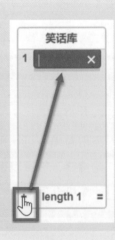

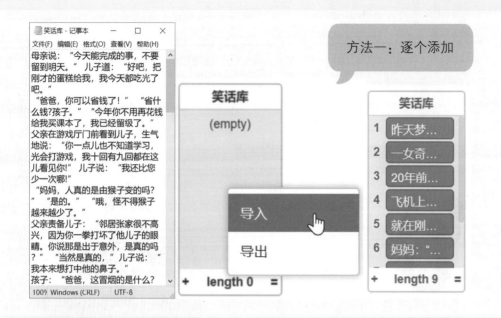

使用方法二导入数据时，有时导入完成后列表显示的是乱码，这是由于文本文档存储时的编码选择有问题，应该选为"UTF-8"，这点需注意。

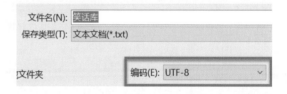

第二步：新建变量"随机数"，每次监测到情绪为伤心后，从列表中随机抽取一则笑话朗读出来。程序如左图所示。

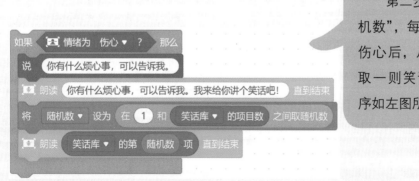

2.开心玩

运行程序，在摄像区域扮一个不开心的表情，就能够听到小熊猫讲笑话啦，扮几次就能听到几次哦！

试一试：

试着为其他的情绪判断也做出相应的心情帮助，可以换不同的内容，也可以换不同的发音方式，不同的嗓音会呈现出不同的效果！

思维再延伸

同同：有些时候情绪是可以装扮的，比如我刚才为了听笑话扮了好几次伤心。

同同爸：人本身识别情绪就不是一件简单的事，人工智能的精确度取决于摄像设备和情绪识别的样本库，即使人会故意控制面部表情不发生变化或者展现与内心真正想法不一致的表情，也总会露出破绽，那么此时人工智能借助高速摄像机和高性能处理器就可能比人类更好地理解情绪。我们今天的设计只是一个雏形，下面，咱们来回顾一下这个"情绪检测仪"的设计过程，然后再思考一下，将各阶段实例与对应使用的技术用线连起来。

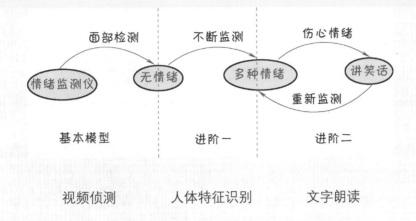

你可以继续完善它的功能，而不光是监测到各种情绪并给出相应的调节帮助。在开始监测前也可以通过"人体特征识别"判断是否戴眼镜，督促用户做好监测前的准备，总之监测只是手段，目的还是希望帮助人们掌握并调整好自己的情绪。

同同：心情不好对健康影响挺大的，还是希望大家遇事不要生气，控制好情绪。

同同爸：没错，孩子，未来你也可能会遇到很棘手的问题，如果你保持平和的心态，就会很冷静地去想办法解决；但如果你的情绪波动非常大，就无法进行积极的思考。当一个人压力过大的时候，无论是对我们肠胃的消化还是对我们的心脏的健康都是十分不利的，所以我们每个人都一定要保持平常心。

你学会了吗？欢迎扫描右侧二维码，观看视频课程，跟同同父子一起玩转人工智能！

智能充电站

情绪识别技术

对于"人工智能"，我们总是希望它不仅具备超越人类的计算感知能力，而且能够与人进行情感交流，满足我们的情感和心理需求。本案例就是通过对面部表情的各种信息细节进行收集、整理，然后分析并输出结果。发现细微的现象或捕捉稍纵即逝的变化是机器的长项，从这个方面来说，人工智能对人类情绪的理解可能会比人还优秀。但也不是绝对的，比如上图中如果只看框里面的面部表情，小孩似乎是愤怒的，所以软件分析愤怒指数很高，但如果加上小孩紧握的小手，我们更愿意相信小孩正在积极地自我鼓励。因此如何把面部表情、声音和其他肢体语言结合起来判断人的情绪，是人工智能识别人类情绪的重要课题。人工智能情绪识别的能力用处极大，在医疗业、服务业甚至审讯领域都会发挥不小的作用，很多世界顶尖的研究机构都在进行这方面的研究。

创意无极限

再思考或观察一下生活环节中还有哪些设备用到了人体特征的识别技术，发挥创造力制作一下吧，给自己、伙伴和父母一个惊喜，并和父母一起将创意拍摄视频发送给同同爸，将有机会在同同爸的公众号展示，更有机会得到奖品哦！

案例 11
车辆管理系统

生活大发现

同同：爸爸，小区门口的栏杆就像长了眼睛一样，车一开到跟前就知道是不是咱们小区的车，这也是人工智能吧？

同同爸：你的猜测很对，如果是真人值班，需要一个个地去比对，费时费力不说，还容易出错。让计算机查看车牌号，可以瞬间核对，这是最便捷的方法了。

实现小目标

设计一款车辆管理系统，可以管理小区的车辆，通过摄像头识别车牌，是小区的车放行，否则拒绝入内。

技术初揭秘

汽车牌照号码是车辆的唯一"身份"标识，既然要管理车辆，肯定要让机器能看懂车牌号并存储入库，平时车辆进出时再通过识别核对确定能不能通过。

那么思考一下，这样一个车辆管理系统需要用到哪些技术呢？

◆ 看到车牌号——视觉功能。

◆ 识别车牌号——车牌识别功能。

◆ 可以语音提示——文字朗读功能。

这三个功能背后的人工智能技术是视频侦测技术、文字识别技术、文字朗读技术，以及编程中的数据存储，你能将现象、功能和实现技术用线连起来么。

现象	功能	技术
看到车牌号	识别功能	视频侦测技术
识别车牌号	视觉功能	文字朗读技术
语音提示车主	语音功能	文字识别技术

答对了吧，本例中使用视频侦测技术看到车牌；再收集并利用文字识别技术分析图片信息进行车牌号识别，识别后的车牌号存储在车牌号库中。平时识别车牌时使用文字朗读技术给驾驶员一个允许进入与否的提示，管理车辆的正常进出。

开始创作吧

 基本模型

建立一个车牌库，将小区车辆的车牌号通过采集图片录入系统中。

车牌号为：冀E00000

1.动手做

第一步：在角色选项卡下，删除小熊猫角色，从角色库中找到"Police1"角色并添加。

第二步：为计算机连接好摄像头，添加慧编程中的"人工智能服务"扩展。选中角色，以空格键为触发键，从"文字识别"类别中拖放"识别车牌"积木块与它拼接起来，如下图所示。

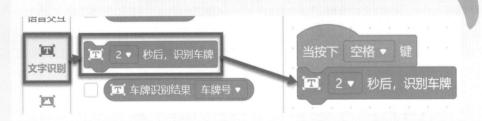

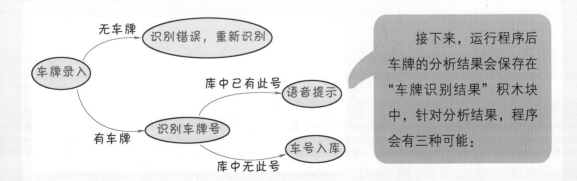

接下来，运行程序后车牌的分析结果会保存在"车牌识别结果"积木块中，针对分析结果，程序会有三种可能：

因此我们需要新建变量"车牌号"，新建列表"车牌库"，读取的车牌号先存到变量中，再经过三种可能的判断执行相应的指令，要用到两个"如果……那么……否则"的嵌套。程序如下图所示。

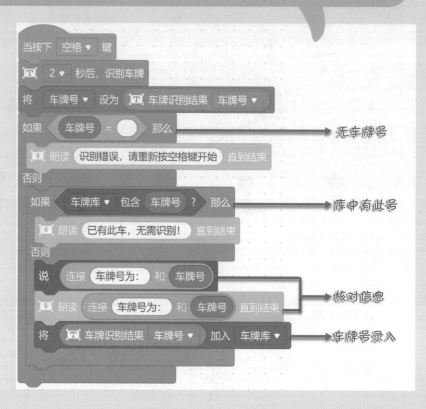

2.开心玩

从网上找一些车牌号图片，按下"空格"键运行程序，可以依次将车辆信息录入库中。

试一试：

将"车牌识别"换成"手写识别"，看看能不能实现程序功能。找一些模糊的车牌图片，比较一下两种识别方式在使用中的不同。

进阶一：车牌库销号

同同爸：有添加就会有删除，如果库中有车牌号不在小区了，也需要通过摄像头识别来删除。与录入的整个流程是反向操作，我们来试一下。

1.动手做

删除车牌以字母"d"键为触发键，还是从"识别车牌"积木块开始。识别结束后，针对识别产生的结果有三种可能：

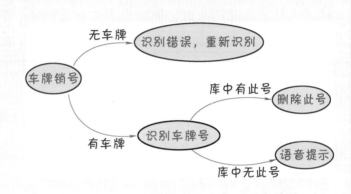

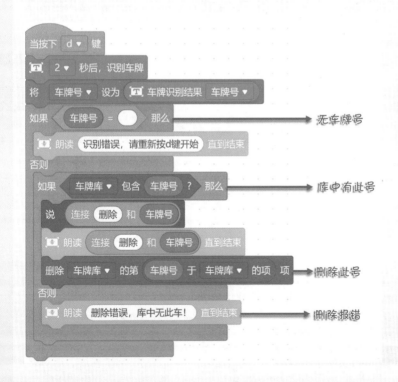

针对三种可能的判断同样需要用到两个"如果……那么……否则"的嵌套。程序如左图所示。

2.开心玩

此时字母"d"键已具备删除车牌号的功能，按下"d"键后，找一个库中的车牌号放到摄像头前，通过识别和比对，就能够删除库中此车牌号了。

试一试：

无论出库还是入库，结束后最好都能把前一个操作显示的车牌号消除掉以保护隐私，你能添加积木块达到这个效果吗？

进阶二：出入管理

同同：同样，车能不能开进小区也是三种情况呗，就是识别出错、识别正确能进和识别正确不能进。我说的没错吧？

同同爸：你说对了一半哈，车辆的出入管理就不可能我们按下某一个键再去识别了，它应该是一个重复循环执行的过程，如果识别错误有可能是没有车，结果数据为空就重新识别，直到有数据为止。

1.动手做

第一步：这个程序是一个循环结构，因此以"当绿旗被点击"为入口，重复进行识别操作，若识别为空，则不再继续进行，返回继续识别。

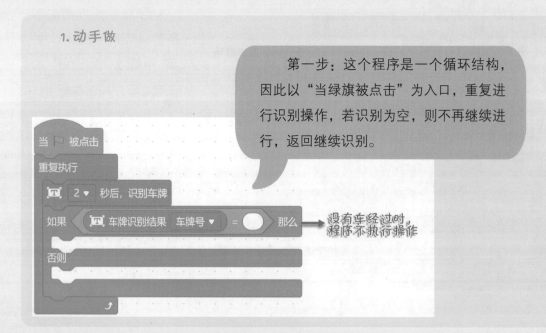

当 ▶ 被点击
重复执行
　2▼ 秒后，识别车牌
如果　车牌识别结果 车牌号▼ ＝ ○ 那么 　→ 没有车经过时，程序不执行操作
否则

第二步："否则"中的操作是识别的核心过程，一旦识别出车牌号，立刻把值传递给变量，用变量作判断依据，库中有则欢迎，无则拒绝。程序如下图所示。

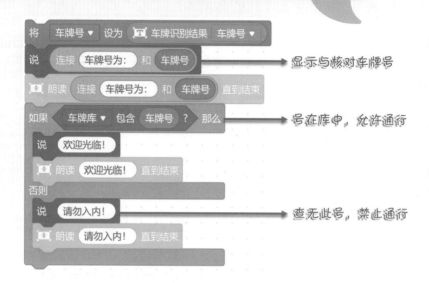

2. 开心玩

拼接好积木块后，运行程序，找一些车牌号照片不断出现在摄像头前，看看能否出入小区。

试一试：

在没有车牌号可识别时，本例用了"空"来代表不执行任何操作。可以显示时间、问候等信息供人们查看，试着补充一些积木块让功能再完善些！

思维再延伸

同同：我感觉每段设计都是三部曲啊，没有识别就重来，有识别了看看行不行，然后选择如何操作。

同同爸：对的，生活中好多设备的设计思路都是这样，获取外部信息，如果获取成功，就与已有规则比对，比对结束给出判断，下面，咱们来回顾一下这个"车辆管理系统"的设计过程，然后再思考一下，将各阶段实例与对应使用的技术用线连起来。

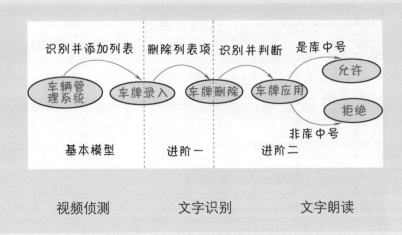

你可以继续完善它的功能，比如车子是陌生车辆，也可以进入小区，但要开始计时，出门时再次识别确认，可按照小时数进行收费，这样的车辆管理系统更合理也更人性化一些。

同同：原来看似高大上的设备原理其实这么简单，如果真有根升降杆，有个舵机，今天这套系统就能像真的一样了；如果能再显示个收费二维码，也就可以开张营业了。

同同爸：没错，孩子，未来是一个人工智能高速发展的社会，在那个社会中机器会发挥越来越大的作用，不过任何高楼大厦都是由一点一滴积累起来的，将其分解开来就是现在我们学习的编程与人工智能。

你学会了吗？欢迎扫描右侧二维码，观看视频课程，跟同同父子一起玩转人工智能！

智能充电站

车牌识别的原理

车牌识别是基于图像分割和图像识别理论的，对含有车辆号牌的图像进行分析处理，从而确定出车牌照的图片，然后再提取和识别出文本字符。车牌识别过程包括图像采集（高清摄像专拍）、预处理（图片矫正和对比度调整等）、车牌定位（确定车牌区域）、字符分割（精确字符区域）、字符识别（对字符进行特征提取后与数据库中的标准字符匹配比对）、结果输出（将识别结果以文本格式输出）等一系列流程。

创意无极限

再思考或观察一下生活环节中还有哪些设备用到了文字识别技术，发挥创造力制作一下吧，给自己、伙伴和父母一个惊喜，并和父母一起将创意拍摄视频发送给同同爸，将有机会在同同爸的公众号展示，更有机会得到奖品哦！

案例 12
生活小伙伴

生活大发现

同同：今天任务好多，每天能有个小伙伴按时提醒我就好了！

同同爸：可以啊，机器人不就是小伙伴吗？不光可以按时提醒，还能为你报天气预报呢！

实现小目标

为生活设计一个机器小伙伴，可以显示时间，并按时提醒我们做事。

技术初揭秘

很多时候，由于事情繁多，我们容易遗漏某项原定好的计划。这次我们要设计一个小伙伴，依靠计算机的"旺盛精力"为我们提供按时提醒服务。这就需要它能够显示时间，并在我们设定好的执行时刻使用语音提示任务。那么请思考一下，这个小伙伴要具有什么功能，会使用什么程序结构，以及背后的实现技术是什么呢？

◆时间显示——调用时间值。

◆ 定点提醒——语音朗读功能。

实时显示时间是循环结构，设定时间进行语音提醒是选择结构。而实现这两个功能背后的技术就是变量存储和文字朗读技术，你能将现象、功能和实现技术用线连起来么。

现象	功能	技术
时间显示	调用时间值	文字朗读
定点提醒	语音功能	变量存储

答对了吧，程序调用系统时间的时、分、秒赋值给变量，并综合加以显示，当到达设定时间时，语音播报任务提醒，平时也可以设置一些快捷键来收听语音报时、天气预报或者自己喜欢的信息。

开始创作吧

基本模型

运行程序后，小熊猫实时显示当前时间。

时 13
分 50
秒 4

当前时间为13点50分4秒

1.动手做

第一步：在"角色"选项卡下选中小熊猫角色，再新建三个变量，分别为"时""分""秒"，三个变量设置值为系统对应时、分、秒。

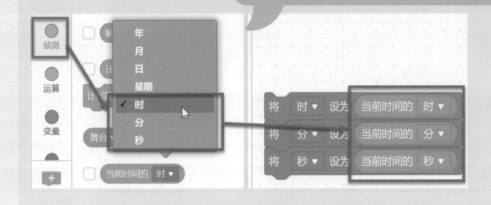

第二步：连接字符串。连接"时""分""秒"三个变量的字符串，并让角色以"说……"的形式显示出来。

第三步：实时显示。合并前两步程序，并保持重复执行状态，程序如下所示。

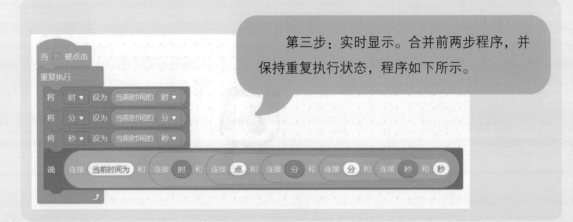

2.开心玩

运行程序，小熊猫会一直跟你说当前的时间。

试一试：

程序中时、分、秒在值为 1~9 之间时，显示的是一位数，能不能修改程序，此时十位用 0 补齐，显示两位数，比如 01、02、03……？

提示：这个问题要分情况来看，先要区分此时是一位还是两位，然后再分情况输出结果。以"时"为例，可以这样做，如右图所示。

进阶一：按时提醒

1.动手做

第一步：一个时间点需要确定时、分、秒三个因素，而且三个因素都必须确定，因此三者是"与"的关系。以 09：37：01 这个时间点为例。

第二步：为计算机连接扬声器，之后添加"人工智能服务"扩展，在"语音交互"类别中选择朗读功能读出任务提醒。

2. 开心玩

安排一个你需要做的任务，将时间设置得近一些，看看到时间后程序会发出提醒吗？

试一试：

本案例只设计了一个任务，想一想，如果任务多起来程序该如何添加？语音交互中用"朗读……直到结束"积木块与"朗读……"积木块效果一样吗？试一下什么情况下效果会不同，哪个更好一些？

进阶二：多功能播报

同同：能不能让小熊猫直接告诉我时间，我想知道时间的时候按一下快捷键就可以了！

同同爸：那就设置一个键让它语音报时，其实不光是报时间，慧编程中还提供了天气、一言等功能，结合人工智能服务的语音朗读，这些都可以让你的小伙伴为你播报！

1. 动手做

1）语音报时：设置"1"为快捷键，设置喜欢的发音人，让小熊猫将当前时间读出来。

2）天气播报：添加"气象数据"扩展，你会看到此扩展中的积木块使用前要先选择城市，我们把需要的城市名称输入，积木块会自动弹出城市选项。

设置"2"为快捷键，然后将天气信息中需要播报的内容放入朗读功能中即可，以最高温度为例。

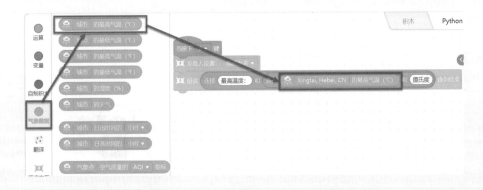

3）佳句欣赏：添加"一言"扩展，这个扩展可以随机在我们选择的类别中推送一些美好的句子。

选择"一言"类别，将"显示句子"与"显示句子来源"前的复选框选中，使它们都显示在舞台上。将积木块组合拼接后放在朗读内容中，设置"3"为快捷键。这样就可以将生成的句子和句子来源读出来。

2.开心玩

运行程序，按下"1"、"2"、"3"键时，分别会有相应的语音播报，如右图所示为按下"3"时的舞台显示。

试一试:

气象数据中返回的"城市天气"是英文版本，能不能用中文朗读出来呢？

同同：添加"翻译"扩展，先将英文翻译为中文，再读出来。

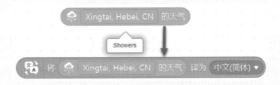

同同爸：不同的信息可以选择不同的声音读出来，效果更好听哦！

思维再延伸

同同：今天我们设计的小伙伴功能太强大了，完全像真人一样。

同同爸：是啊，生活中不可能总有人在身边为你服务，机器的魅力就在于只要有电，它就可以不停地为我们提供服务。人工智能的发展更是给机器的设计带来了无限可能。下面，咱们来回顾一下这个"生活小伙伴"的设计过程，然后再思考一下，将各阶段实例与对应使用的技术用线连起来。

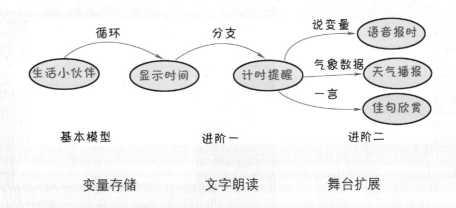

在学习生活中，我们需要帮助的场景还有很多，本案例还可以再通过一些扩展做出许多延伸功能：我们还可以通过慧编程的"翻译"扩展为我们翻译单词；通过"计算"扩展为我们验算数学；通过"一个汉字"扩展为我们读音、识字，学习笔顺……总之还有很多好玩的扩展等待你去发现！

同同：这些扩展好多，设计出来一定很不容易吧。我要在这个"小伙伴"的监督下，抓紧时间努力学习，未来也做生活的创造者。

同同爸：未来还会越来越多，这都要归功于软件工程师们的辛勤付出，如果你能打好基础，学好人工智能，未来也一定可以设计出自己喜欢的各种功能，帮助别人！

你学会了吗？欢迎扫描右侧二维码，观看视频课程，跟同同父子一起玩转人工智能！

智能充电站

舞台扩展

舞台扩展，是为舞台角色增加更多的增强积木块，这些增强积木块，既可以是Scratch 未提供的运算积木，也可以基于 Web API（网络应用接口）来实现各种丰富的网络功能，例如获取天气、人脸识别、语句翻译等。

Web API 指的是访问程序的某一个功能或者数据，实现移动端和客户端程序之间的数据交互。目前很多网站开放了免费的 API

功能。说得更加通俗一点，就是别人写好的代码，或者编译好的程序，提供给你使用，而你使用了别人代码（或者程序）中的某个函数、类、对象，就可以获取数据，实现想要的效果。

创意无极限

再思考或观察一下生活环节中还有哪些设备用到了计算机软件各种服务的帮助，发挥创造力制作一下吧，给自己、伙伴和父母一个惊喜，并和父母一起将创意拍摄视频发送给同同爸，将有机会在同同爸的公众号展示，更有机会得到奖品哦！

案例 13
防盗报警器

生活大发现

同同：爸爸，小区里的视频监控是怎么实现的，有人偷东西的话会提示么？

同同爸：摄像头做了机器的眼睛，但如果要实现对物品的保护，我们可以编写程序，这样有情况时计算机会向你报警！

实现小目标

设计一个防盗报警器，当有人碰到受监控的物品时，机器会发出警报。

技术初揭秘

摄像头作为计算机的眼睛，可以看到监测范围内的物品。如果对物品区域设置程序，当监测区域有人进入，则机器发出警报声可以把人吓跑，也可以发出说话声提醒人不要碰，还可以实时抓拍画面或录制视频，留作证据。

一起思考一下，这个防盗报警器都有哪些主要功能，以及背后的实现技术又是什么呢？

◆ 可以监控物品——视觉功能。

◆ 可以语音警报——语音功能。

◆ 可以拍照与录像——录制功能。

实现这三个功能背后的技术是视频侦测技术、文字朗读技术和舞台录屏技术，你能将现象、功能和实现技术用线连起来么。

现象	功能	技术
监控物品	语音功能	视频侦测技术
语音报警	视觉功能	舞台录屏技术
抓拍与录像	录制功能	文字朗读技术

答对了吧，本案例中使用视频侦测技术监控物品区域；使用播放声音功能发出警报；还可以用文字朗读技术发出语音警示。由于监控状态下整个舞台就是摄像区域，因此警报的同时使用舞台录屏技术，就可以拍下照片和录制视频，后期作为重要的影像记录。

开始创作吧

基本模型

计算机前放了一个苹果，当有人要拿时，警报器会发出警笛声。

1. 动手做

为计算机连接好摄像头，在"角色"选项卡下添加"扩展中心"的"视频侦测"扩展。

插件加载成功后，系统会自动开启摄像头，调整视频透明度参数可以让图像更清晰，0 为最清晰，100 为全遮挡，效果如下图所示。

由于防盗报警器需要拍照和录像，因此下面的程序中系统要保持开启摄像头状态，并将视频透明度参数调整为 0。

第一步：在角色选项卡下，先删除小熊猫角色，再添加新角色。在弹出的对话框中选择"绘制角色"。

绘制一个长方形，将视野中的苹果用矩形框起来。

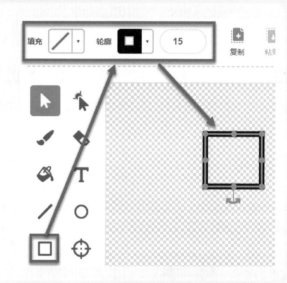

第二步：单击"声音"按钮，然后单击"添加声音"，从声音库的"太空"类别中选择"Alert"声效。

第三步：当运行程序时，开启摄像头并将其设置为最清晰状态。从"视频侦测"类别中拖放"开启摄像头"与"将视频透明度设为……"积木块与"当绿旗被点击"拼接，如下图所示。

从"声音"类别中拖放"播放声音……等待播完"积木块，与"视频运动侦测"积木块拼接后将声音设为"Alert"作为警报声，如下图所示。

2. 开心玩

将矩形框拖放到监控中的苹果处，调整大小使其正好将苹果包围住，试试伸手去碰一下苹果，看看计算机会不会发出强烈警报声？

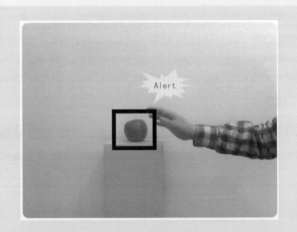

试一试：

　　修改画框的粗细程度并比较，在画框粗和细两种情况下，哪种情况发警报的准确度最高？为什么？你有什么更好的办法可以提高侦测灵敏度么？

进阶一：语音警报

1.动手做

第一步：选择添加"扩展中心"的"人工智能服务"扩展，如下图所示。

第二步：拖放"朗读"积木块到程序下方进行拼接，如下图所示。现在，再去碰碰那个苹果，计算机就会告诉你"请不要动我的东西"。

2. 开心玩

再去拿那个苹果，计算机会在警报声音后用声音告诉你："请不要动我的东西"。

请不要动我的东西！

试一试:

发声音警报和语音警报都有它的优势与劣势，可不可以将两者的优势结合起来，先发语音警报，然后就一直是警笛在响。

进阶二：拍照片

同同：既然是计算机用眼睛看到的，那能不能在物品被人动的时候直接把人的照片拍下来，这样主人回来就能直接查看现场照片了。

同同爸：那可以啊，你看现在整个舞台区就是监控的画面，我们需要一个新的扩展……舞台录屏，这样就可以把画面保存甚至录下视频！

1. 动手做

第一步：添加"扩展中心"的"舞台录屏器"，如下图所示。

需要注意的是由于截图与录像会保存在计算机中，这属于对计算机文件的操作，如果你运行的是网页版慧编程，那么需要从慧编程网站下载 mLink 安装文件，安装并运行。

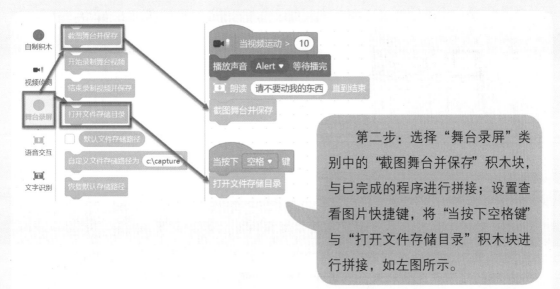

第二步：选择"舞台录屏"类别中的"截图舞台并保存"积木块，与已完成的程序进行拼接；设置查看图片快捷键，将"当按下空格键"与"打开文件存储目录"积木块进行拼接，如左图所示。

运行程序并触碰苹果，之后查看照片，你会发现拍照滞后了，并不是拿苹果那一瞬间的照片，这是怎么回事？

原因就在于语音警报耽误了时间，是顺序结构在作怪啊！因此要将拍照功能放在"说"之前，如右图所示。

2. 开心玩

现在，我们来测试程序效果。如下图所示，刻意去拿监控中的苹果，摄像头会抓拍照片并保存直到你不再碰它为止。

试一试：

运行程序后，你会发现连续的两张照片之间还是存在间隔的，原因就在于播放声音与朗读语音的时候程序是不能拍照的，你有没有办法修改程序，让拍照的时间点连续起来，实现无间断抓拍呢？

进阶三：保存视频

1. 动手做

使用"舞台录屏"类别中录制视频的两个积木块，可以设定时间录制一段视频。为了录制与发警报工作同时进行，我们重新拖放一个"视频运动侦测"积木块与之拼接，构成一个新的事件，例如下图所示程序录制了一段侦测视频。

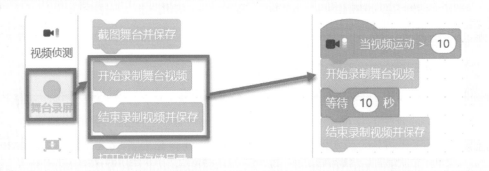

2. 开心玩

伸手去拿监控中的物品，警报、语音提醒、拍照与录屏同时进行，生成的视频与照片存储在同一个文件夹，可通过按下空格键查看文件。

同同：警报提示能不能与舞台录制程序合并在一起呢？

同同爸：可以，不过要把警报提示作为广播内容，当有触动时，发出广播并开始录制，而接到广播的一方开始播放语音警报，保证录制与警报同时进行。

同同：广播与接收太有用了，不光是两个角色之间，同角色也是可以的。

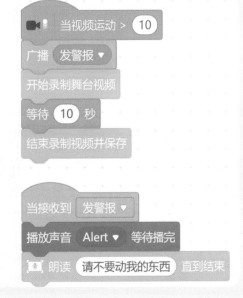

试一试：

综合运用警报的声音和录屏，开动脑筋设计一个更加完善、更符合你心意的防盗报警器！

思维再延伸

同同：今天的防盗报警器设计得太完美了！

同同爸：当然啦，生活中有很多问题需要用到声音、文字、图片或者视频，综合运用就会做出功能齐全的作品。下面，咱们来回顾一下这个"防盗报警器"的设计过程，然后再思考一下，将各阶段实例与对应使用的技术用线连起来。

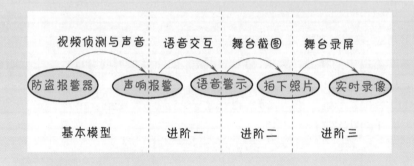

视频侦测　　　　文字朗读　　　　舞台截图　　　　舞台录屏

你还可以继续发掘拓展，比如，在播放声音警报或语音警报过程中，如果中途主人想停止报警，那么能不能设置一个快捷键关掉监测……

同同：其实这个程序不光能看着苹果，也能监视我，我看书的时候把它调好位置，低头就向我报警，这样就能纠正我的坐姿了！

同同爸：当然，还能提醒你不要乱动，安心学习哟！

你学会了吗？欢迎扫描右侧二维码，观看视频课程，跟同同父子一起玩转人工智能！

智能充电站

视频侦测技术

视频侦测技术是指在指定区域内识别图像的变化。背景减除法是目前视频监测最常用的方法，它是一种利用当前图像与背景图像的差分来检测出运动区域的技术。

随着视频侦测与多媒体技术的发展，计算机实时探测与监控已成为安全防范体系技术中的重要组成部分，一般可以通过遥控摄像机等辅助设备，把被监控场所的图像、声音等内容传输到监控中心，使被监控场所的情况一目了然。同时，系统还可与防盗报警等安全技术联动，使防范能力更加强大。视频监控系统的另一个特点是可以把被监控场所的图像、声音甚至视频部分或全部地记录下来，为日后对某些事件的处理提供方便条件和重要依据，视频监控系统现在已成为安全技术防范体系中不可或缺的重要组成部分。

创意无极限

再思考或观察一下生活环节中还有哪些设备用到了视频侦测技术，发挥创造力制作一下吧，给自己、伙伴和父母一个惊喜，并和父母一起将创意拍摄视频发给同同爸，将有机会在同同爸的公众号展示，更有机会得到奖品哦！

案例 14
聊天机器人

生活大发现

同同：爸爸，你说机器人有思想吗？是不是也能像我们这样聊聊天！

同同爸：有没有思想我不清楚。聊天嘛，我们可以设计一个聊天机器人，你亲自问问它好了。

实现小目标

设计一个机器人，根据我们的问话可以与我们聊天。

技术初揭秘

聊天机器人，也就是会聊天的机器人，你能以跟人聊天的方式与它聊天。但机器与人的区别在于人具有理解能力，有情感、会思考，这点机器人怎么做到呢？换一个角度想，聊天就是匹配数据，对方输入文字或者语言，我们分析语句中的数据与数据库数据进行匹配，然后根据人交流的规则返回数据。

◆ 聊天对话——识别与语音功能。

◆ 思考问答——知识图谱。

实现这两个功能背后的技术是语音识别技术、文字朗读技术和知识图谱，你能将现象、功能和实现技术用线连起来么。

现象	功能	技术
听到问话	识别功能	语音识别技术
思考推理	反馈功能	文字朗读技术
给出回答	语音功能	知识图谱

你答对了吧，我们说话，机器人给出相应回答，实现的思想很简单，其实就是匹配关键词而已。就像朋友说"你好"，我说"你也好"这样。慧编程中有专门的聊天模块可以帮助我们实现这一点。我们通过麦克风输入声音，程序通过语音识别技术将声音转换为文字作为聊天机器人的输入内容，机器人利用知识图谱匹配关键词后给出回复，返回的内容再用文字朗读技术读出来。

开始创作吧

基本模型

我们先从最简单的入手，就像刚出生的小娃娃对外界的反映只会大叫一样。比如，我说一句话，机器聊天的反映就是变个声音重复说给我听。

1.动手做

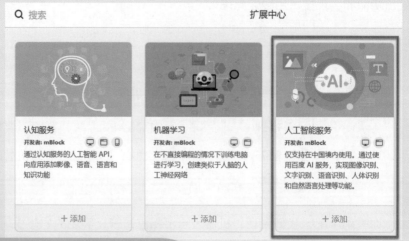

第一步：先为接下来的对话设置引导语，否则用户不知道怎么操作，选择添加"扩展中心"的"人工智能服务"扩展，如上图所示。

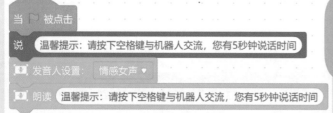

引导语提示用户按下空格键后有5s语音识别时间，内容设置可以像左图这样设计。

第二步：连接字符串。按下空格键后语音识别5s，并用情感女声重复读出来。

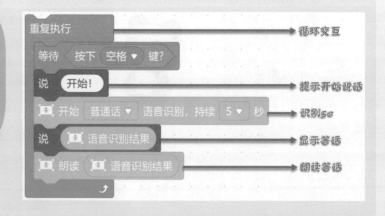

2. 开心玩

将已完成的两段程序拼接起来，运行程序，你每说一句话，小熊猫会变声后重复你说的话。

试一试：

换一种与自己声音差距最大的朗读声音，体验下这个回声机的功能。思考一下，如果把"朗读语音识别结果"换成"朗读语音识别结果直到结束"，程序有区别吗？

进阶一：对话功能

1. 动手做

第一步：添加"扩展中心"中的"慧编程大助手"，如右图所示。

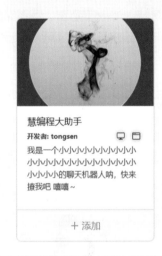

慧编程大助手
开发者: tongsen
我是一个小小小小小小小小小小小小小小小小小小小小小小小的聊天机器人呐，快来撩我吧 嘻嘻~

＋ 添加

使用"对话机器人"类别中的两个积木块完成程序，将语音识别结果作为输入，机器人之后说出"我的回答是"。

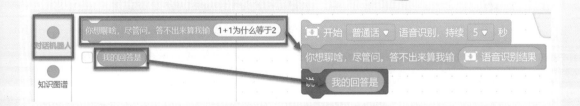

同同：我单独运行这一组积木块，发现机器人"所答非所问"啊，比如我问的是"你吃饭了吗？"回答的还是上一个例子中的答语。

同同爸：查一下原因，回答的还是上一句问话的答语，说明这个机器人要有一个反应的时间，才能回答你说的话，那怎么解决这个问题呢？

同同：设一个等待时间吧，我试了一下，大约 3s 比较合适。

同同爸：不过单纯等待就显得突兀了，我们可以在回答之前加一句提示语——"让我想一想"，并让这句话停留 3s，你看怎么样？

同同：看，这次回答靠谱了，没问题啦！

2. 开心玩

将机器人聊天的积木块组合拼接到聊天程序中，跟它聊聊天，看看会什么好玩的事情发生？

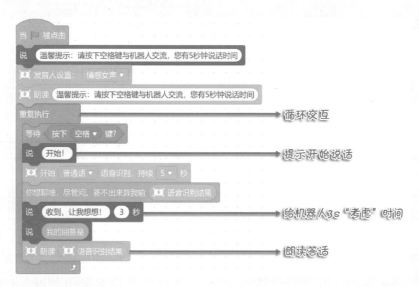

循环交互

提示开始说话

给机器人3s"考虑"时间

朗读答话

试一试：

这个例子程序出错后，我们通过"等待"的方式化解了错误，给了机器人一个"考虑"的时间。你还有别的办法解决这个问题吗？

▶ 进阶二：生活百事通

同同爸：机器人可不光会聊天，它的知识还非常渊博，能够帮助我们解答好多问题呢！

1. 动手做

第一步：使用"慧编程大助手"扩展中的"知识图谱"类别，将语音识别结果设置为"输入你想知道答案的问题"。"显示答案"为输出结果，借鉴上一个例子，我们同样给机器人3s考虑的时间，程序如下图所示。

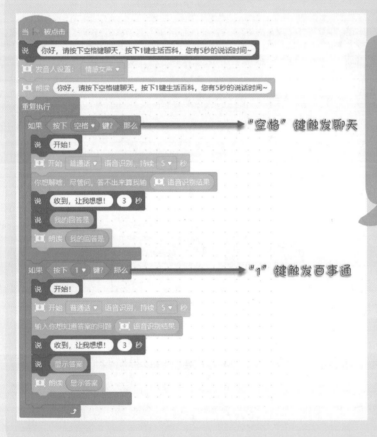

"空格"键触发聊天

"1"键触发百事通

第二步：为这段程序添加快捷键"1"，放到聊天程序后部。同时修改引导词中的快捷键提示，拼接完成后的总程序如左图所示。

2. 开心玩

运行程序，按下"空格"键时，机器人会陪你聊天；按下"1"键时，机器人会为你普及知识。下图是机器人对"快乐"一词的解释。

试一试：

无论是聊天还是生活百事通，小熊猫在与我们交流时都是静止不动的，你能通过造型的不断变化，让小熊猫在说话的时候灵动起来吗？

思维再延伸

同同：又能谈心，又能讲知识，还能用回音撒撒娇，简直跟人一样了。

同同爸：是啊，不过这还只是一个简单匹配，比如你说"你叫什么"，它会说"我叫机器人"，其实这是一种相对固定的对答模式，如果能有更深的分析与思考就更棒了。不过这也已经能满足你大大的好奇心了！下面，咱们来回顾一下这个"聊天机器人"的设计过程，然后再思考一下，将各阶段实例与对应使用的技术用线连起来。

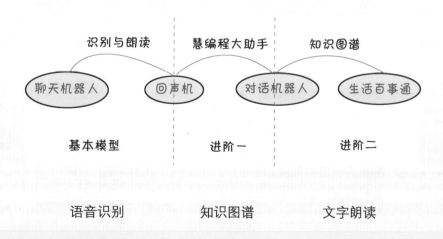

未来的机器人应该是能够自主学习成长，可以通过与你的聊天数据进行存储分析，然后与你进行更进一步智能交流，就好像我们从认识陌生人然后互相了解到成为好朋友一样，它掌握我们谈话方式的过程就好比小孩子先在父母的帮助下成长，到最后自己学习成长一样。

同同：像人一样成长，能学习，会思考，那不就成真人了吗？

同同爸：是的，人工智能从 1950 年最初的"图灵测试"到如今经历了 70 年的成长历程。目前，无论是视觉领域的人脸识别、文字识别，还是语音领域的语音识别，人工智能已经取得了巨大进步。如果有一天，机器开始学会理解情感，并像人类一样开始思考和决策时，便意味着强大的人工智能时代正式来临！

你学会了吗？欢迎扫描右侧二维码，观看视频课程，跟同同父子一起玩转人工智能！

智能充电站

图灵测试与知识图谱

退回到 20 世纪 50 年代，计算机科学家图灵对计算机能否像人一样进行交流这个问题进行了深入思考，并提出了"图灵测试"的方法，用来检测计算机的智能程度。即用户通过问话的形式辨认出他们到底是在跟人还是在跟计算机进行对话，如果通过回复他们辨别不出来，则表明计算机通过了这一测试。图灵是计算机科学的奠基人之一，直到现在，我们在

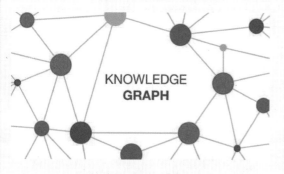

探讨智能机器人的话题时还是会谈到"图灵测试"。

时至今日，计算机科学的飞速发展，又提到了"知识图谱"的概念。用计算机符号来表示人脑中的知识，每个知识点都是一个对象，它们之间的关系用直线相连。

右图中这样就代表了三个实体间的三条关系，当这些关系错综复杂起来，相互关联时就构成了一个知识点的多关系图网状结构，好像图谱的模样，我们可以通过符号之间的运算来模拟人脑的推理过程。

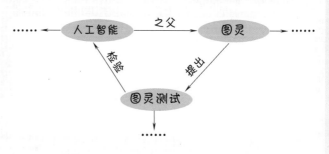

知识图谱由 Google 公司在 2012 年最早提出，比如在 Google 搜索引擎里输入"人工智能之父是谁？"，可以得到答案" Alan Mathison Turing（阿兰·麦席森·图灵）"。这是因为我们在系统层面上已经创建好了一个包含"人工智能"和"之父"的实体以及它俩之间关系的知识库。所以，当我们执行搜索的时候，就可以通过关键词提取以及知识库上的匹配直接获得最终的答案。这种搜索方式跟传统的搜索引擎是不一样的，一个传统的搜索引擎返回的是网页，而不是最终的答案。因此从一开始的 Google 搜索，到现在的聊天机器人等人工智能设备，对输入信息的精准理解，背后都有知识图谱发挥的重要作用。

创意无极限

再思考或观察一下生活环节中还有哪些设备用到了人工智能技术，发挥创造力制作一下吧，给自己、伙伴和父母一个惊喜，并和父母一起将创意拍摄视频发送给同同爸，将有机会在同同爸的公众号展示，更有机会得到奖品哦！

案例 15
快乐记单词

生活大发现

同同：今天英语课学习的单词我都掌握了，老师还让多加复习。

同同爸：我们做个"快乐记单词"的程序吧，让计算机来帮你检测下单词的掌握情况！

Appendix 1

Words in each unit
单元词汇表
（注：黑体词要求学生能够听、说、认读；白体词只作听、说要求。）

Unit 1		go to bed 上床睡觉	p.18
first /fɜːst/ floor 一楼	p.5	over /ˈəʊvə(r)/ 结束	p.14
second /ˈsekənd/ floor 二楼	p.5	now /naʊ/ 现在；目前	p.14
teachers' office /ˈɒfɪs/		o'clock /əˈklɒk/（表示整点）	
教师办公室	p.5	……点钟	p.14
library /ˈlaɪbrəri/ 图书馆	p.5	kid /kɪd/ 小孩	p.14
playground /ˈpleɪɡraʊnd/ 操场	p.8	thirty /ˈθɜːti/ 三十	p.17
computer /kəmˈpjuːtə(r)/ room		hurry /ˈhʌri/ up 快点	p.17
计算机房	p.8	come /kʌm/ on 快；加油	p.19
art /ɑːt/ room 美术教室		just /dʒʌst/ a minute /ˈmɪnɪt/	
music /ˈmjuːzɪk/ room 音乐教室	p.8	稍等一会儿	p.19
next to /ˈnekst tu; ˈnekst tə/			

实现小目标

设计一款"快乐记单词"软件，检测学生对单词的拼写和读音。

技术初揭秘

记单词是英语学习的重要部分，更是学好英语的基础。听、说、读、写的训练可以帮助我们巩固基础知识，并初步学会运用英语进行交际。那么，如果要设计一款辅助我们学单词的软件，它该如何考察我们听、说、读、写的能力，以及这背后的实现技术又是什么呢？

◆ 听——文字朗读功能。

◆ 说、读——语音识别功能。

◆ 写——核对用户输入对错。

实现这些功能背后的人工智能技术就是文字朗读技术和语音识别技术，你能将现象、功能和实现技术用线连起来么。

现象	功能	技术
拼写测试	语音功能	文字朗读技术
读音测试	识别功能	语音识别技术

答对了吧，我们可以将单词存入列表中，然后随机抽取其中一个用文字朗读技术读出来，再用"询问……并等待回答"功能检查用户的拼写；也可以给出单词，让用户读，将发音用语音识别技术与正确读音对比，检查读音情况。

开始创作吧

基本模型

运行程序，计算机中角色朗读单词，等待用户录入后报告拼写是否正确。

1.动手做

第一步：在角色选项卡下，删除小熊猫角色，从角色库中"人物"类别下找到角色"Captain"并添加。

从背景库中"学校"类别下找到背景"Class1"并添加。

在登录的前提下，添加"扩展中心"中的"人工智能服务"扩展，如右图所示。

第二步：新建变量与列表。新建一个列表取名为"单词列表"，用来存储单词，并从中随机抽取单词用来测试；新建一个变量取名为"题号"，用来表示随机抽取第几个单词；再新建一个变量取名为"题目内容"，用来提取单词内容，方便朗读。

列表导入数据有两种方法，第一种方法是单击列表左下方加号，依次添加。第二种方法是把所有单词制作成独立的文本文件（TXT 格式），在列表上单击鼠标右键将文本中的内容导入列表。

方法一：逐个添加

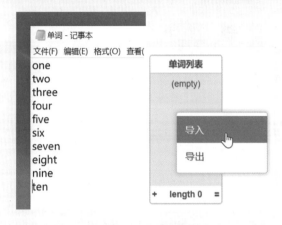

方法二：批量导入

第三步：编写程序。程序分两个主要部分：内容与考试流程，并从"自制积木"中自制"考试"积木块。

从流程上来看，每次都从列表中随机抽取单词，因此"题号"为列表项目数与 1 之间的随机数，每抽取一次，删掉该项目，再从现有项目数与 1 之间抽取题号。

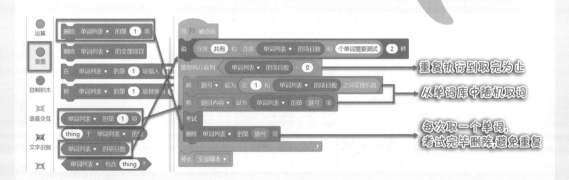

最后编写考试程序，计算机读出单词并显示对话框提示用户输入，等待用户提交后与"题目内容"比对，给出正误判断。

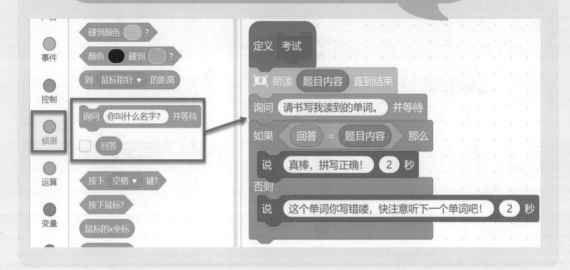

2. 开心玩

导入一些你学过的单词，可以用程序检测一下对它们的掌握情况。

试一试：

有时候单词只读一遍会没听清楚，能不能设置一个"重读"按钮，按下后可以再次朗读这个单词？

提示：角色造型与程序可参考下图。

进阶一：读音测试

1. 动手做

第一步：选择"语音交互"类别中的"语音识别"积木块进行读音测试。注意其默认识别普通话，这里要设置为识别英语。

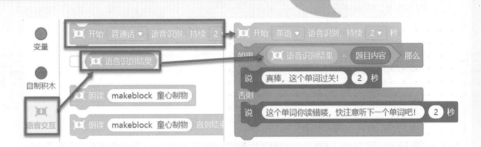

第二步：将"读音考试"功能添加到"考试"自定义积木块中，程序逻辑为用户书写正确则要求读出单词发音，书写与读音都正确则单词过关，书写错误此单词直接略过，程序如下所示。

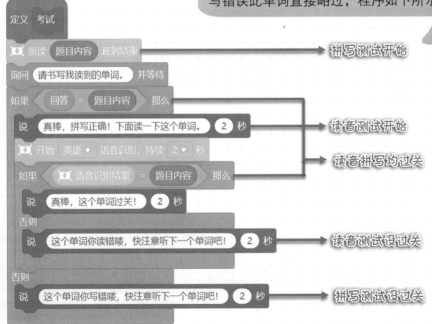

2. 开心玩

运行程序，在计算机的引导下完成拼写测试与读音测试，看看自己的读音准不准确，加油哦！

试一试：

测试过程中你会发现用户刚刚完成拼写测试，忽然出现声音识别窗口会措手不及，如何给用户有一些准备的时间？

一种方法是增添"等待按下空格键"的积木块，做好准备后再按下空格键，系统开始语音识别。与之相关的提示语也需要修改，提示用户准备好后按下空格键。最好将"说……2 秒"积木块改为"说……"积木块，这样就可以在测试者按空格前一直显示提示啦，程序修改如下所示。

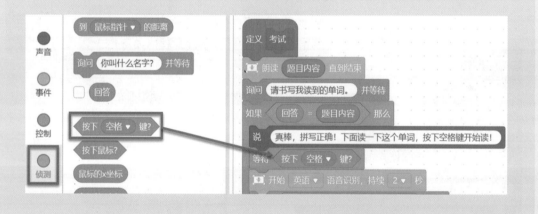

进阶二：分数统计

同同爸：怎么样，程序做好了，爸爸跟你比试下看谁单词记得多？

同同：只是在不停地测，没有成绩没法比啊，应该测完后让计算机统计出分数。

1.动手做

第一步：新建变量取名为"分数"，初始化为 0，考试规则是对单词先进行拼写测试，如单词拼写错误就不再考试读音，直接略过。拼写正确进行读音测试，如果读音错误这个单词略过，读音也准确则"分数"变量加 1 分，

第二步：单词全部测试完后，程序结束，角色说出总成绩并显示出来。

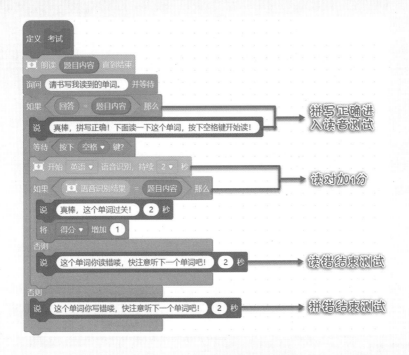

2.开心玩

导入一组单词，邀请爸爸、妈妈或同学测试下，看谁的分数高。

试一试：

　　案例中考过的词语直接删除掉了，能否再建一个列表，将没有过关的单词存进去，以便多次反复练习？

进阶三：打印表格

同同：出错的单词能不能提示一下，我哪里错了，方便我以后努力？

同同爸：那我们需要用到一个新的扩展——"表格"功能，把错误单词打印出来。出错的单词会以表格的形式显示出来，为我们下一步继续学习单词提供帮助。

1. 动手做

第一步：添加"扩展中心"中的"数据图表"扩展，如右图所示。

数据图表
开发者：mBlock
数据可视化，一图胜千言

第二步：建立表格，首先要在程序运行之初进行表格的设置与初始化。

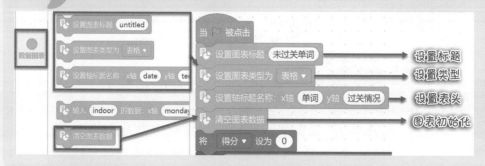

第三步：输入错误单词数据，如同过关加分一样，未过关的单词在提示后，将单词输入图表中。

第四步：显示表格，主程序运行完成后，在"停止全部脚本"之前将未过关的单词以表格的形式显示出来。

2. 开心玩

进行一组单词的测试，完成后看看输出图表是什么样子的？切记如果是在舞台全屏的状态下完成的测试，一定要退出全屏才会显示图表。表格的样式如下。

单词 \ 过关情况	书写	读音
four	未过关	
ten		未过关
eight	未过关	
one		未过关
six	未过关	

未过关单词 ✕

↓ 下载　　▦ 表格　　☒ 折线图　　▥ 柱状图

试一试：

本案例中图表类型我们选择的是表格，除此之外还有"折线图"与"柱状图"两种类型，试一试它们又是什么样子呢？这三种样式分别用到哪些场景会比较合适？

思维再延伸

同同：有了这个小助手，不光能学单词，还能学语文生字，还能帮我听写，以后不用总是找妈妈帮忙了。

同同爸：看来以后课外辅导你又多了一个强大的外援。用机器设备的自动化来帮助人们工作和学习，这正是我们学习人工智能的意义。下面，咱们来回顾一下这个"快乐记单词"小助手的设计过程，然后再思考一下，将各阶段实例与对应使用的技术用线连起来。

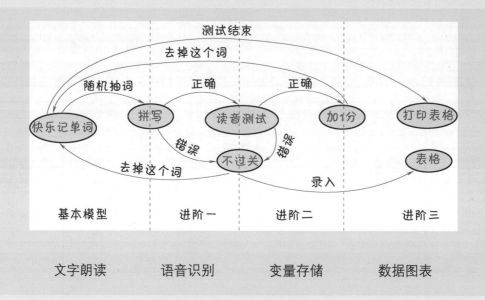

不知你注意到没有，这款软件还有很多细节可以完善，比如说我们增添了"重读一遍"的按钮，但在读音测试的时候这个按钮最好就不要显示了，因此需要让它自动消失；还有在读音测试的时候，我们能不能也添加一个提示按钮，帮助用户在读音测试时显示单词作为提示？

同同：以后我每天都把要学习的汉字和生词输进去，跟你比一比，总有一天会超过你的！

同同爸：会的，一定会的，而且你的努力会让这个时间越来越短，爸爸也要努力！

你学会了吗？欢迎扫描右侧二维码，观看视频课程，跟同同父子一起玩转人工智能！

智能充电站

1. 等待判断

本案例在读音测试前加了一个"等待按下空格键"积木块。我们用到的是上图中的第一种组合。事实上，上图中两个组合功能类似，有时可以通用，但也有区别。

就好比老师让我们去班里叫一个同学，而你发现这个同学现在没在班里。第一种方法是你守在班里，见到后立刻通知他；第二种方法是你在老师办公室，不停地去班里看他回来没有。很明显，第一种方法是高效的，使用时要注意。

等待　按下　空格▼　键？

如果　按下　空格▼　键？　那么

2. 数据可视化

在这个信息爆炸的时代，我们每天都在接收和传递着成千上万的数据信息。在这个过程中，我们既是数据的生产者，也是数据的使用者。为了更好地整理和使用这些数据，我们需要用到数据可视化。

顾名思义，"数据可视化"就是"数据＋可视化"，数据内容是基础，可视化是用图形化的方式呈现，并用来更直观地传达信息。数据可视化起源于20

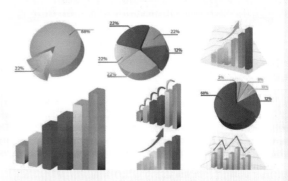

世纪 50 年代的计算机图形学，人们使用计算机创建图形图表，将数据的各种属性和变量呈现出来。今天，借助慧编程的"数据图表"，我们可以把多学科的知识进行融会贯通，通过程序运行出的结果和展示出的数据，自动生成易懂、易操作的图表，帮助我们更好地理解数据，撕开数据神秘的面纱。正如"数据图表"这个扩展的介绍："数据可视化，一图胜千言！"

创意无极限

再思考或观察一下生活环节中还有哪些设备会用到数据图表功能，发挥创造力制作一下吧，给自己、伙伴和父母一个惊喜，并和父母一起将创意拍摄视频发送给同同爸，将有机会在同同爸的公众号展示，更有机会得到奖品哦！

案例 16
门铃管家

生活大发现

同同：下周要出去郊游了，还有点不放心，万一来客人了怎么办呢？

同同爸：放心，交给我来办。我们没在家，可以设计一个计算机管家，帮我们看门，有人来了会给咱们留言的。

实现小目标

设计一个"门铃管家"，可在客人按下按钮后保存语音留言、文字留言或图片信息，主人回家后可查。同时最好访客留言能第一时间通知主人手机查看。

技术初揭秘

生活中我们经常碰到家中无人的时候来了客人，或者有工作人员到访，却又没有联系方式。我们会事先在门上贴纸条告知，但这并不安全，纸条也可能会脱落遗失，也可能会泄露长时间家里没人的现象，给坏人可乘之机。现在我们可以通过人工智能将来访者的语音、图像等保存下来，回家后翻看。如果手机端也同时运行慧编程，还可以将信息发给手机。一起思考一下，实现这些功能需要哪些技术支持呢？

◆ 留下语音——录制声音。

◆ 语音转为文字——语音识别

◆ 回家回听记录——文字朗读

◆ 门铃与手机互联——物联网

总结一下，用到的技术是语音识别技术、文字朗读技术和物联网技术，你能将现象、功能和实现技术用线连起来么。

现象	功能	技术
语音转文字	识别功能	语音识别技术
回听记录	语音功能	文字朗读技术
手机通知	设备互联	物联网技术

答对了吧，这个门铃的重点是帮助来客将信息留存，方便主人回家后查看，信息可包括文字、声音、图像等形式，其中文字是程序中最容易存储的一种形式，它又可以通过语音识别、手写识别获得，主人回家后可以再通过文字朗读技术回听记录。同时，借助强大的物联网功能，我们还可以设计将来客信息通过文字传递给主人手机，以加强时效性。

开始创作吧

 基本模型

运行程序，按下按钮，软件提示来客语音留言，主人回家后可收听留言记录。

您好，主人外出，请按a键留言，留言结束请按b键。

1.动手做

> 第一步：在角色选项卡下，删除小熊猫角色，从角色库中找到"Police6"角色并添加。

> 第二步：为计算机连接好麦克风等声音输入设备，添加"扩展中心"中的"录音器"扩展，如右图所示。

录音器 (1.0.0)
开发者: **mBlock**
可以录制人说话并保存到本地、按条目播放录音文件等。该扩展需要配合mlink一起使用，请先打开mlink，没有安装的，可以去

＋添加

> 需要注意的是，由于录音文件会保存在计算机中，这属于对计算机文件的操作，因此如果运行的是网页版慧编程，就需要从慧编程网站下载mLink安装文件，安装并运行。

第三步：编写引导语。客人留言需要有一个按键引导，我们用字母"a"键做语音输入开始键，用字母"b"键做输入结束键，程序启动就让管家用"说……"一直显示。

第四步：编写留言程序。客人按a键开始留言后，要提示他说完留言按b键结束，在客人按b键后要提示留言成功，并重新显示留言用法的引导语。因此，编写程序如左图所示。

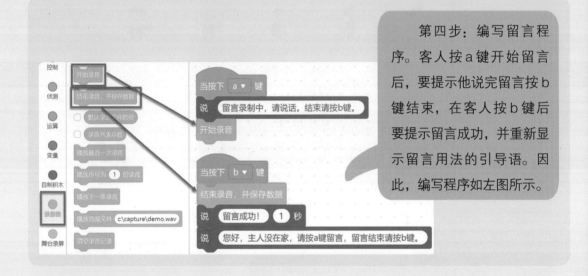

第五步：那么主人回来呢？需要查看留言，我们设快捷键为空格键，只需要播放最近的留言录音即可，程序如右图所示。

2. 开心玩

运行程序后，管家会有文字显示，提示按 a 键可留言，按 b 键留言结束，为程序输入 4 条留言供下一个例子使用。按空格键可回听留言。

试一试:

在"防盗报警器"的案例中我们用过录制舞台视频的办法,能不能结合这个案例,在录音的同时录下视频,回来供主人查看呢?

进阶一: 多人留言

同同: 这个门铃管家只能存一条记录,万一来过好几个人就不方便啦!

同同爸: 是的,你考虑得很全面。我们需要修改程序让每条留言都能够被听到才是。

1.动手做

第一步: 将"录音列表总数"前的复选框选中,舞台区就可以显示当前共有多少条留言了。上例"开心玩"中我们已经输入了 4 条留言,如下图所示。

第二步: 修改查看留言的程序,先让管家报出系统当前共有多少留言,再以用户输入数字的方式选择收听相应留言。

第三步：添加删除留言键和查看留言快捷键。每次查看完留言后，需要用户清空当前留言，以便后续重新计数使用，我们设数字"0"为清空键，编写程序如下图。

用户如果听完一条留言，想直接听第二条留言，我们可以设字母"c"键为快捷键，当按下 c 键时，系统直接播放刚刚听到留言的下一条留言。

2. 开心玩

接续上一个成品，按下空格键可选择听取指定留言，按下 c 键会播放当前条目的下一条留言，按下数字 0 键会清空当前所有留言。

试一试：

本例中运行"清空录音记录"积木块，是真的把全部录音文件都删除了还是只删除了序号呢？为什么？说说你是怎么发现的？那么日常使用中我们又该注意些什么？

进阶二：手机传信

同同：存储下来的留言需要主人回家了才能收听，可我们要出去很长时间的话，能不能及时通知到我们呢？

同同爸：如果想让门铃管家及时给我们报信，除了计算机之外，我们还必须有其他的电子设备接收才行。让我想想……对了，我们可以用手机试试。

同同：手机怎么和计算机通信呢？手机也用慧编程吗？

同同爸：对啊，慧编程也有手机版，计算机端和手机端的慧编程软件，通过同一账号之间的云广播就能互相传递信息了。不过信息只能是文字形式的，因此传递前必须把语音信息识别成文字，再传递给手机。下面我们来认识下手机端慧编程。

首先我们需要下载手机端慧编程 APP。打开手机应用商店搜索"慧编程"，下载并

安装，图标为 ，还是这只可爱的熊猫。运行手机端软件，先登录账号，然

后在主界面选择"编程"。

此时你会发现计算机端账号下的作品，也同步到了手机端。我们可以点选左上角加号新建一个作品。

在"角色库"这个界面无须选择任何设备，直接点选右上方的对号，进入手机端编程界面。

手机端编程环境中的积木块种类与计算机版是类似的。打开"事件"类别，你会发现"当按下空格键"是灰色不可用的，因此有些计算机上使用的功能在手机端慧编程中是不支持的，这点需要注意，如下图所示。

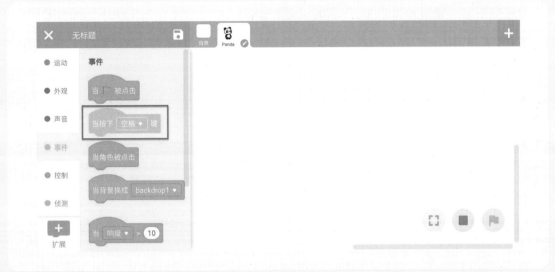

选择左下方"扩展"进入扩展中心，你会发现手机端慧编程中共有 8 个扩展类别，并没有"人工智能服务"这个扩展。

同同爸：这就需要注意，我们可以使用账号云广播实现计算机与手机的互联，但留言识别为文字的过程不能用"人工智能服务"了，因为手机端是不支持的。

同同：那这个例子还有办法实现吗？

同同爸：当然了，下面我们来学习一个新的扩展：认知服务。它也可以实现一些人工智能的语音识别、语音朗读、人体特征识别等功能。

返回计算机端慧编程，添加"认知服务"扩展。

同同爸：在"认知服务"类别中，你会看到很多熟悉的面孔，有语音、文字、图像、人体特征等，"人工智能服务"中的一些基本识别服务，这里也都有。

同同：那我们为什么一直没有用它，而是用的"人工智能服务"，两个类别的功能有什么不同吗？

同同爸：基本功能是相同的，不过"认知服务"使用的是国外的服务器，有时候不稳定，但它的好处是国内外都能使用；而"人工智能服务"调用的是我们国内的数据库，运行稳定，但到了国外就不能用了。

同同：那一个程序中能把两种类别的积木块混合用吗？

同同爸：那是可以的，不知道你发现了没有，两种积木块中某些功能还是互补的呢，比如手写的文字识别，一个可实现中文识别，一个可实现英文识别，如右图所示。

这样混合使用能够做出更多好玩的例子呢！言归正传，下面我们就用它和"账号云广播"完成移动版门铃管家的制作吧！

1. 动手做

第一步：在计算机端角色选项卡下添加扩展"认知服务"与"账号云广播"。

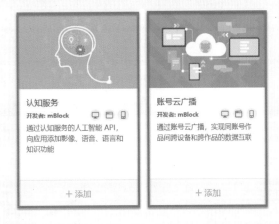

第二步：语音转换为文字。使用"认知服务"中的语音识别积木块将语音留言转换成文字才能够通过云广播发送，由于录音与识别是同时进行的，因此我们直接把识别功能拖拽到留言模块下进行拼接。需要注意在不清楚留言会有多长的情况下，我们应尽量预设较长的识别时间，以保证留言更完整地被传送。

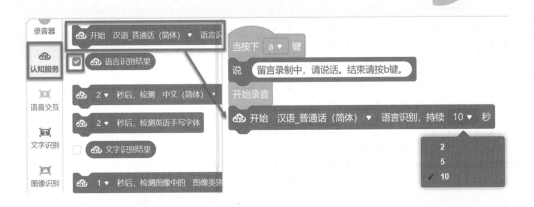

拖拽完成后可将"语言识别结果"积木块的复选项选中，舞台中即可显示语音转换的文字结果。

第三步：选择"账号云广播"中的积木块组合，将转换成文字的留言发送到同账号的设备中。

第四步：保存程序。保存程序，取名为"门铃管家"，存到账号的云端。

不要小瞧了这一步保存，只有这一步完成，才能在手机端慧编程找到这个程序，也才能实现门铃管家移动端正确接收信息。

2.开心玩

运行计算机端程序，再打开手机端慧编程，登录账号，找到"门铃管家"程序并运行。在计算机端按 a 键，进入语音识别状态。说一句话，看看手机端有没有反应？

试一试：
我们本例是让手机端显示了留言内容，那么结合手机端的"语音识别"扩展能不能对留言做出回复呢？

思维再延伸

同同：这个程序太实用了，不光是门铃，用手机当移动端，感觉好多例子都可以做成与计算机互联互通的了。

同同爸：这就是物联网的神奇，不光是手机可以做移动端，我们一直在用慧编程的"角色"选项卡进行纯编程，如果选择角色旁边的"设备"选项卡，就可以添加更多硬件实现互联互通。下面，咱们来回顾一下这个"门铃管家"的设计过程，然后再思考一下，将各阶段实例与对应使用的技术用线连起来。

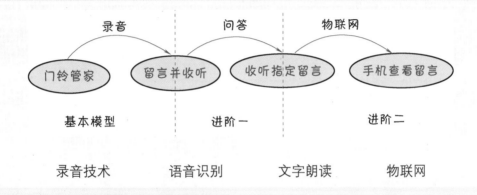

你可以继续完善它的功能，就像我刚才说到的可以添加更多设备实现互联互通，操作方法都可使用"账号云广播"。比如说去逛商场，怕出门停自行车位置找不到，可以用云广播在手机端一按，自行车上面的设备就会响起来，帮助我们找到自行车；出门在外，可以用慧编程控制家里的浇水装置，实时帮我们浇花，防止植物枯萎等；云广播与智能家居开关、电器等设备相结合，可以实现太多神奇的功能了。

同同：忽然感觉身边的一切都被一张看不见的大网连了起来。

同同爸：没错，孩子，物联网的存在会使人工智能发展得更加完美，把这个地球变得越来越小。就像本案例，我们把传感器和传感器网络以及感知技术融为一体，就好像雇了一位万里传信的管家，给生活带来了极大方便，其实家中电器的遥控器、公路的违章抓拍等也是用的物联网技术。

物联网在我们的生活中已经无处不在了，它的存在改变了人们的生活方式。让生活变得更加便捷，也让生活更加安全。

你学会了吗？欢迎扫描右侧二维码，观看
视频课程，跟同同父子一起玩转人工智能！

智能充电站

物联网

物联网（Internet of Things，IoT）即
"万物相连的互联网"，是新一代信息技术
的重要组成部分，它的核心和基础仍然是
互联网，但它的用户端延伸和扩展到了任
何物品与物品之间，使其可以进行信息交
换和通信。任何物品与互联网相连接，都
可以进行信息交换和通信，这使得它的应
用领域非常广泛。

本章案例中，家中无人，我们利用手机接收家中来客信息，其实还可以操控家用电
器的运转，还可以调用监控摄像头，在任意时间、地方查看家中的实时状况……看似烦
琐的种种家居生活因为物联网变得更加轻松、美好。

创意无极限

再思考或观察一下生活环节中还有哪些设备用到了物联网技术，发挥创造力制作一
下吧，给自己、伙伴和父母一个惊喜，并和父母一起将创意拍摄视频发送给同同爸，将
有机会在同同爸的公众号展示，更有机会得到奖品哦！

案例 17
石头剪刀布

生活大发现

同同：爸爸，小区门口的计算机能看懂车牌号，它是怎么看出来的呢？它也学过数学吗？

同同爸：道理跟你学习差不多，你是通过上课学会的，它是通过训练学会的。今天我们做个"石头剪刀布"的猜拳游戏，让它学会看懂你的手势，陪你玩游戏。

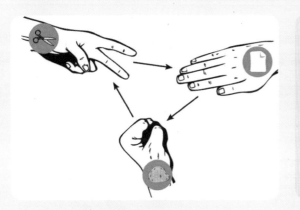

实现小目标

设计一个"石头剪刀布"的人机对战游戏，计算机先出，然后通过你的手势判断你出的是什么，计算机做出输赢结果的判断。

技术初揭秘

跟计算机玩游戏，计算机该怎样判断你出的手势是什么，又怎么判断谁输谁赢呢？这两个问题我们逐个解决，第一个判断你出的是什么要通过机器学习。计算机从你大量的手势中学习，寻找规律，提取特征，进行分类，学会并记住这个手势，当你再出的时候它就明白了。第二个判断谁输谁赢就需要我们预设好游戏规则，计算机用它出的手势与你出的手势比对就可以了。好了，问题解决了，现在思考一下，这样一个人机对战游戏需要用到哪些技术呢？

◆ 可以看到你的手势——视觉功能。

◆ 可以判断你出的手势是什么——机器学习。

◆ 可以存储分数——变量与列表。

这三个功能背后的技术是视频侦测技术、机器学习技术，以及编程中的数据变量存储，你能将下面的现象、功能和实现技术用线连起来么。

现象	功能	技术
看到手势	训练模型	视频侦测技术
"看懂"手势	视觉功能	变量
存储分数	数据功能	机器学习

答对了吧，本例中首先要使用视频侦测技术与机器学习技术训练一个视觉模型，让计算机摄像头认识石头、剪刀、布的手势；在游戏开始后，首先倒计时数秒，然后计算机做出决策，再通过手势识别出你的决策，最终判断胜负，用变量给胜利者加分并保存。

开始创作吧

 基本模型

训练一个视觉模型，让计算机的摄像头认识"石头、剪刀、布"的手势。

1. 动手做

第一步：为计算机连接好摄像头，运行慧编程，选择"角色"选项卡，然后在"添加扩展"中添加"机器学习"扩展。

第二步：在"机器学习"扩展中，单击"训练模型"，进入下图界面，将三个分类名称分别改为"石头""剪刀"和"布"。

接下来，依次在摄像头前做出对应的手势。每做好一个手势，单击一下"学习"按钮，让它逐步认识石头、剪刀、布。建议每个分类从不同的角度至少录入 30 个样本，并且越多越好。

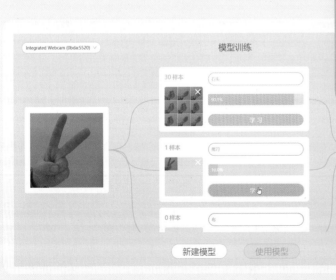

全部完成后单击"使用模型"完成模型训练，"机器学习"扩展中会多出三个积木块供我们使用。

2. 开心玩

"石头剪刀布"的视觉模型做好后，可以用三种手势检测一下计算机的识别情况。当你在摄像头前做出一种手势时，样本库右侧会显示此时手势属于该类别的概率，然后给出结果。

试一试：

"模型训练"默认是三个类别，如果你要训练的模型不是三种类别，可以单击"新建模型"按钮选择类别数，再进行训练。你还可以训练一个悲伤与快乐等表情的视觉模型，试试看也可以完成第 10 个案例关于"人脸情绪监测"的功能。

进阶一：对战设计

同同爸：设计这个游戏之前，我们先用流程图梳理一下整个对战过程的思路：

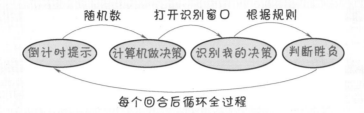

同同：这就是四个自定义积木块，编程的思路忽然清晰多了。

1. 动手做

第一步：新建四个变量，分别取名为"电脑决策""人的决策""电脑得分"和"人的得分"。两个决策隐藏，两个得分显示，方便查看。

☑ 电脑得分
☐ 电脑决策
☑ 人的得分
☐ 人的决策

按照我们绘制的流程图新建四个独立积木块，如左图所示。

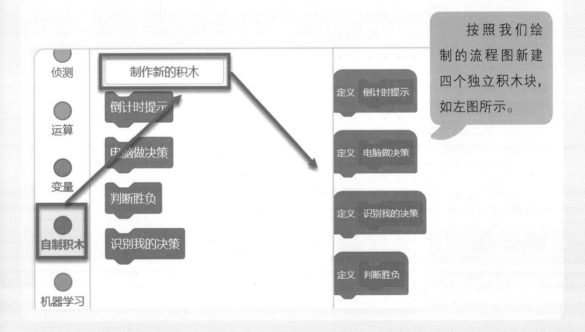

按照顺序拼接各积木块，注意在循环游戏开始前要初始化两个得分变量。

第二步：依次实现四个自定义积木块的功能。

1）"倒计时提示"是让熊猫说"3""2""1"各1秒。

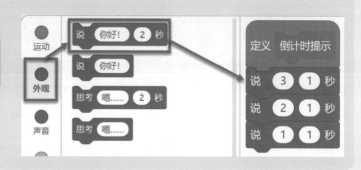

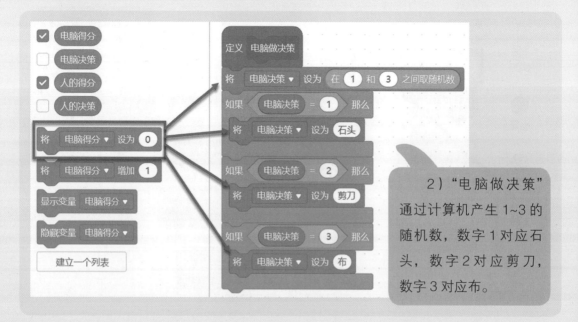

2）"电脑做决策"通过计算机产生1~3的随机数，数字1对应石头，数字2对应剪刀，数字3对应布。

3）"识别我的决策"只需要将"人的决策"变量设置为摄像头的识别结果。

4）"判定胜负"这个模块需要考虑三种不同的结果，如果是我们获胜，就要给我们加1分；计算机获胜给计算机加一分；否则就是平局。需要用两个"如果……那么……否则"嵌套表示。

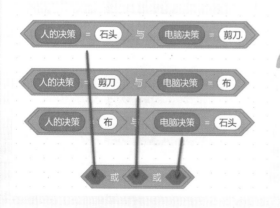

关于积木块中的条件，我们知道"石头剪刀布"的游戏规则是：石头胜剪刀，剪刀胜布，布胜石头。人取得胜利的话，肯定是满足了三种情况中的一种，我们使用"或"积木块来描述上述规则。

计算机赢的情况正好与上述程序相反，复制后修改即可。那么输赢后的结果又是什么呢？我们设计小熊猫显示："我出……我（你）赢了！"，其中的省略号就是计算机决策变量，到底是用"我"还是用"你"根据输赢情况来定。如果两种情况都不是，则小熊猫显示平局了。最终"判定胜负"的模块程序如下图所示。

2. 开心玩

单击绿旗，就可以开始与计算机对战啦，注意要在小熊猫说完"3、2、1"的时候出手势啊！

试一试：

如果在识别手势的时候什么都不出，试一下这一局谁会赢，为什么？你有办法解决游戏这个 bug 吗？

进阶二：智能策略

同同：说起对战，就让我想到了 AlphaGo 大战李世石，咱们这个机器随机出，不一定能赢啊！

同同爸：对，程序做成这样子，只能说拥有了识别手势的人工智能，但不具备对战的人工智能。不过"石头剪刀布"这个游戏相对于围棋来说，规则还是很简单的。我们可以让计算机把每次人出的手势记录下来，再出牌的时候不随机，而是采取一定策略，选择赢的概率最大的策略。这样，通过数据记录，寻找到规律就能打败人类啦！

同同：那就好玩了，我们开始吧！

1.动手做

第一步：要记录每次人出的手势，需要再设三个变量，分别取名为"石头"、"剪刀"和"布"。在程序运行时，变量都要初始化。

第二步：当人的决策是"石头"时，将"石头"变量增加1；当人的决策是"剪刀"时，将"剪刀"变量增加1；当人的决策是"布"时，将"布"变量增加1。修改"识别我的决策"积木块如右图所示。

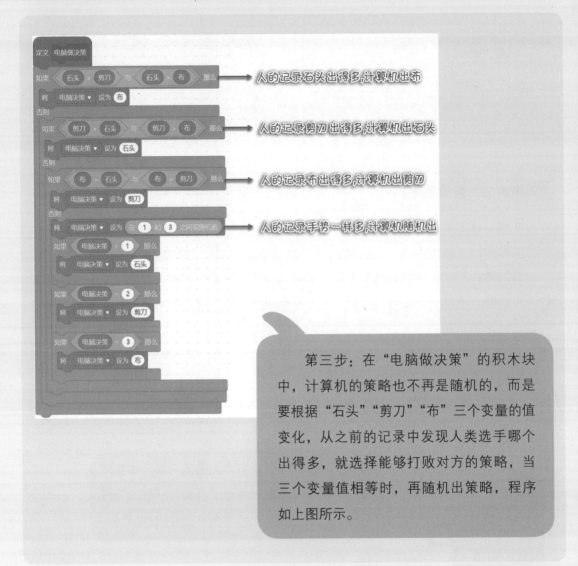

右侧标注文字：
- 人的记录石头出得多,计算机出布
- 人的记录剪刀出得多,计算机出石头
- 人的记录布出得多,计算机出剪刀
- 人的记录手势一样多,计算机随机出

第三步：在"电脑做决策"的积木块中，计算机的策略也不再是随机的，而是要根据"石头""剪刀""布"三个变量的值变化，从之前的记录中发现人类选手哪个出得多，就选择能够打败对方的策略，当三个变量值相等时，再随机出策略，程序如上图所示。

2. 开心玩

运行程序，与计算机玩几局游戏，看看谁更厉害吧。

试一试：

尝试改进游戏脚本，如果出现人类选手策略记录中三个手势数相同，机器策略能否以人类选手最近一次策略记录为参考？

思维再延伸

同同：这个案例玩得好有趣，一波比一波神奇，最后我终于明白机器能赢人的道理了。我每次的策略玩得多了就会形成规律，机器掌握这些数据后就会分析出我的习惯，从而提高胜利率。

同同爸：是啊，对比一下，人的优势是经验丰富，但机器是拿数据说话的，会通过记录逐渐找到规律。可以说玩得越久，人类选手输的可能性就越大。下面，咱们来回顾一下这个"石头剪刀布"对战游戏的设计过程，然后再思考一下，将各阶段实例与对应使用的技术用线连起来。

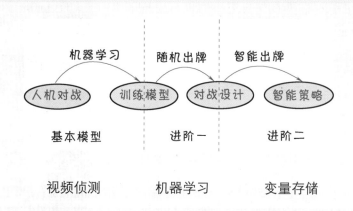

这个案例中我们利用"机器学习"扩展训练了一个视觉模型，教会计算机认识人所出的"石头""剪刀""布"三种手势。其实前面我们所用到的人脸识别、图像识别、文字识别等扩展都是利用的机器学习功能进行的应用。现在你自己也会建立视觉模型了，可以做一些更人性化的模型出来：比如让机器记住你的脸，做一个人脸签到；让机器记住你的手势，做一个手势开关等。

同同：前面学习了那么多眼花缭乱的人工智能，原来根源就在机器学习这里，那些模型应用都是已经训练好的，这个案例的模型是我们自己训练的。

同同爸：没错，放开想象的翅膀，孩子，这样一来，你就又可以做出很多个性化的应用了！

你学会了吗？欢迎扫描右侧二维码，观看视频课程，跟同同父子一起玩转人工智能！

智能充电站

1. AlphaGo 大战李世石

2016 年 3 月 15 日，谷歌公司围棋人工智能 AlphaGo 与韩国棋手李世石进行了最后一轮较量，AlphaGo 获得本场比赛胜利，最终双方总比分定格在 4∶1。围棋世界冠军李世石输给了机器。这是一场著名的人工智能和人类智慧的较量，其实 AlphaGo 并不知围棋为何物，既不能领会围棋的美感，也不能体味棋枰落子间所蕴含的文化和哲学意味。但通过与大师的对战，不断积累数据，掌控了对方的出牌规律，就能够精确应对，取得胜利。

AlphaGo 让我们对人工智能的未来产生无限畅想，也让我们对人类的未来产生了某些担忧。科技是一把双刃剑，它会造福人类还是祸害世界，需要我们人类认真思考，用心把握。

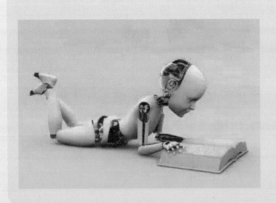

2. 机器学习

机器学习就是教会机器知识。它的过程是确定模型、训练模型、使用模型。本例中石头剪刀布的认知就是一个机器学习的过程。好比教一个小孩子认识三种手势，伸出拳头，告诉他这样的叫石头，换个角度，那样的也是石头。然后张开手掌，告诉他这样的叫布，不能叫石头。久而久之，他就会产生认知模式，这个学习过程，就叫"训练"。所形成的认知模式，就是"模型"。训练之后，伸出一个石头手势，问小孩这是布吗？他会回答是或否，这就叫预测。训练成功的模型可以在游戏中应用，叫作使用模型。这样理解，机器学习是不是很简单了呢？

创意无极限

再思考或观察一下生活环节中还有哪些设备用到了视觉模型的训练，发挥创造力制作一下吧，给自己、伙伴和父母一个惊喜，并和父母一起将创意拍摄视频发送给同同爸，将有机会在同同爸的公众号展示，更有机会得到奖品哦！

案例 18
机器学习

生活大发现

同同：计算机能看得懂，听得懂，识别石头、剪刀、布都是靠机器学习，到底它是怎么学会的啊？感觉好神奇又好神秘！

同同爸：机器学习是人工智能中非常重要的一部分，但是又很难理解。打个

比方，你学习知识，是通过上课和写作业完成，机器也是靠大的数据量训练，最终学会的。这样吧，我们以最简单的加法为例来看一下机器学习的过程。

实现小目标

以两位数加法为例，通过程序展示机器学习的过程。

技术初揭秘

前面的例子都是人工智能的应用，可以看出机器学习是人工智能中非常重要的部分。

机器是怎样学习的呢？我们可以从自身的学习中找到答案，学习中我们会做一种类型的很多题目，通过将自己的答案与标准答案比对来领悟解决一类问题的方法，那么这个方法对不对呢？我们会再去找一些题目试验，确定方法的有效性，最终通过不断学习与测试，以及成绩的一次次反馈会让学习的人逐渐掌握一种最有效的方法。最终参加毕业考试，成绩展现的就是学习的效果。这就是我们学习的一般过程。

我们的学习过程如下所示。

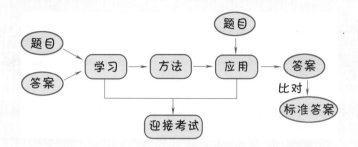

上述学习是我们的学习，同时也是机器学习中最重要的监督学习，它包括输入层输入数据，输出层输出结果，中间层反复对有明确答案的数据进行训练，以期达到学会的效果，模型的生成包括不断学习，也包括不断测试。

机器的学习过程如下所示。

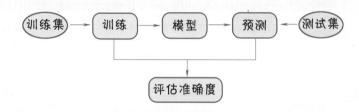

描述问题与答案之间关系的方法叫作模型，学习问题与答案关系之间的过程叫作训练，解决问题的过程叫作预测，衡量模型好坏的过程叫作评估，训练所用的问题和答案叫作训练集，评估所用的问题和答案叫作测试集，训练集和测试集都是数据，需要提前搜集。一句话概括，也就是用数据训练出模型，再应用。

开始创作吧

▶ **基本模型**

创建样本，经过神经元网络学习，最终学会两位数的加法。

1. 动手做

第一步：训练数据。在角色选项卡中，选择"添加扩展"类别中的"机器学习之加法训练"插件。

机器学习之加法训练

开发者: tongsen

使用上千组数据对机器进行训练，得出输入和输出之间的对应关系，即训练模型。可以通过调整不同的训练参数，对模型进行

选中角色，以"当绿旗被点击"为触发键，从"机器学习"类别中拖放对应积木块进行拼接。

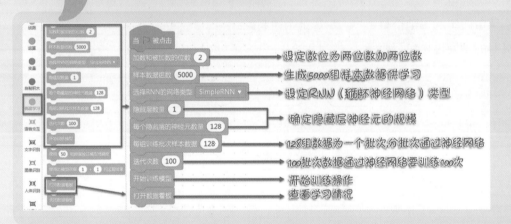

当 🏳 被点击
加数和被加数的位数 **2** ———→ 设定数位为两位数加两位数
样本数据组数 **5000** ———→ 生成5000组样本数据供学习
选择RNN的网络类型 **SimpleRNN ▾** ———→ 设定RNN（循环神经网络）类型
隐藏层数量 **1**
每个隐藏层的神经元数量 **128** ———→ 确定隐藏层神经元的规模
每组训练批次样本数据 **128** ———→ 128组数据为一个批次，分批次通过神经网络
迭代次数 **100** ———→ 100批次数据通过神经网络要训练100次
开始训练模型 ———→ 开始训练操作
打开数据看板 ———→ 查看学习情况

通俗来讲，这个例子是用5000组数据样本组成样本库，每次从里面随机抽取128组数据训练，重复100次。运行程序后，等待一段时间（时间长度与计算机性能有关），会出现数据看板。

看板中的生成数据集合是我们的5000组样本数据。

生成数据集合　模型训练过程

question	answer
69+29	98
74+69	143
47+84	131
0+8	8
21+95	116

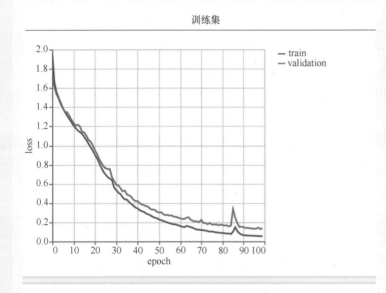

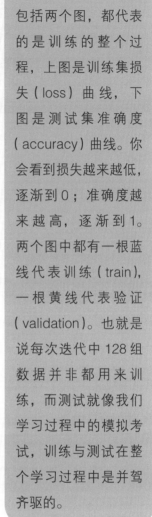

模型训练过程包括两个图，都代表的是训练的整个过程，上图是训练集损失（loss）曲线，下图是测试集准确度（accuracy）曲线。你会看到损失越来越低，逐渐到 0；准确度越来越高，逐渐到 1。两个图中都有一根蓝线代表训练（train），一根黄线代表验证（validation）。也就是说每次迭代中 128 组数据并非都用来训练，而测试就像我们学习过程中的模拟考试，训练与测试在整个学习过程中是并驾齐驱的。

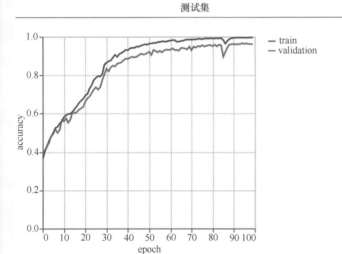

第二步：测试模型。训练结束后，我们可以用验证积木块测试模型准确度，包括两种方式。

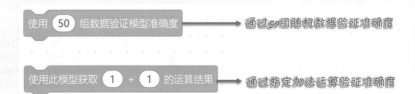

运行第一个积木块，数据看板中会生成"模型预测结果"表格，可以看出我们的模型非常棒。

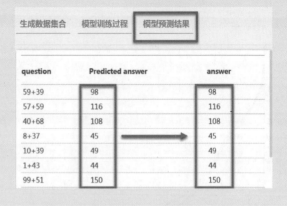

运行第二个积木块，为其随便赋值，单击这个积木块，也可以测试模型的准确度，可以看出"35+67"这两个两位数相加，结果是正确的。

使用此模型获取 37 + 66 的运算结果

103

2. 开心玩

为第二种测试积木块多尝试几次赋值，看一下这个模型对两位数加两位数的运算准确度如何。

试一试：
将两位数加法换成多位数加法，试试看能否完成模型的训练？

进阶一：减少样本数

同同：这么简单的加法我早就会了，还用机器这么算半天，太麻烦了吧！

同同爸：是不是觉得有些无聊？其实里面的道理很深呢！通过程序，我们可以发现样本数和训练的次数是两个关键的量，我们试着减少样本数，看一下效果。

1. 动手做

我们将样本总数也设为 128，因为每个批次的样本数据都是 128 组，这样一来 100 次训练的都是同样的 128 组数据，程序修改如下。

再次运行程序，我们来看一下效果。

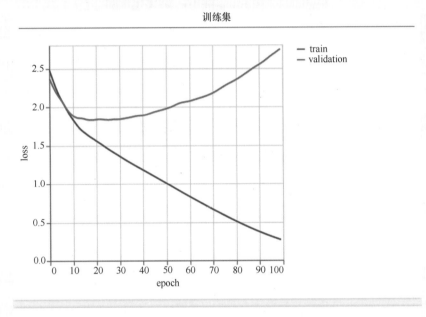

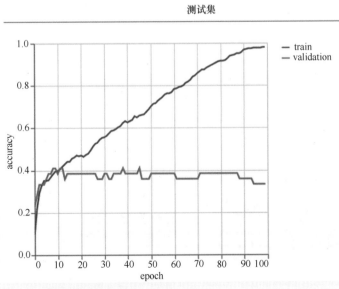

同同：天哪，损失曲线中的验证线都飞起来了，这还能正确吗？

2. 开心玩

设定两个两位数测试下模型的准确度，如下图是前面测试的两个数，你也试试看，得到的值正确吗？

试一试：

设定 500 组数据来测试下模型的准确度，你来统计一下，准确度有多少？

进阶二：减少迭代次数

同同：样本数少了对模型真是灭顶之灾，不知道在样本多，减少训练次数的情况下，结果会怎么样。

同同爸：下面我们把样本数恢复到 5000，迭代次数减少为 10 次，看一下模型会发生什么变化。

1. 动手做

第一步：设定样本数为 5000，将迭代次数改为 10，迭代次数程序修改如右图所示。

运行程序，数据看板如下图所示。

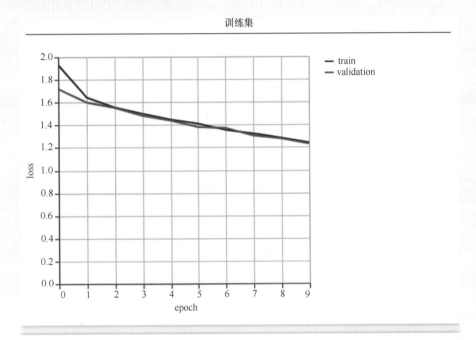

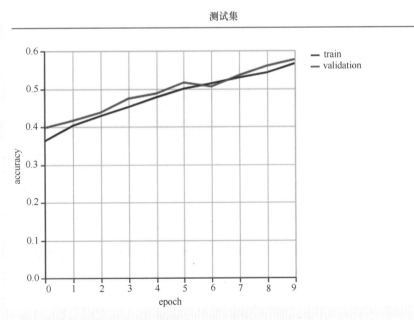

同同：这次准确度不低，不过最终没有到1，应该再继续迭代下去就会接近1了，我猜准确度要比上次高。

2.开心玩

设定两个两位数测试下模型的准确度，如下图是前面测试的两个数，你也试试看，得到的值正确吗？

试一试：

设定 50 次迭代来测试下模型的准确度，你来统计一下，准确度有多少？

思维再延伸

同同：果然和我猜的一样，数据量大、迭代次数少的话，它的准确度比数据量小、迭代次数多的准确度要高。

同同爸：这是我们一起分析出的结果，虽然有一定的偶然性，但可以说明机器学习中大数据还是发挥更重要的作用。下面思考一下我们体验机器学习的思路。

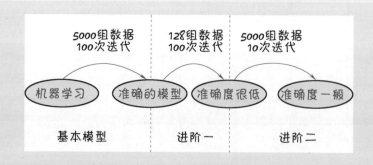

不光是机器学习，今天的案例还让我们明白一点：要测试一个量的作用，就需要保持其他量一致，这样的情况下进行的测试所得的数据才会有意义。

同同爸：就好比要比较我们俩的记忆力，就要拿出同样多的单词，在同一个时间段，同样的环境，看谁记下得多。

同同：那也不公平，你肯定比我多，因为你经历的学习时间比我长，在训练与测试中已经建立的记忆模型比我准确度要高。

同同爸：哈，你都已经会学以致用啦！所以我们每天的不断学习是为了学会方法，以应对未来工作中的问题，而不是单纯为了找到工作而学习，一定要在平时多多注重能力的培养。加油啦，少年！

你学会了吗？欢迎扫描右侧二维码，观看视频课程，跟同同父子一起玩转人工智能！

智能充电站

1. 机器学习与监督学习

机器学习是指机器通过大量数据进行学习，进而得出一个符合规律的模型，解决类似问题。

机器学习主要有两种方法：监督学习与无监督学习。其中监督学习是指根据已有的大量数据，比对并学习输入数据与输出结果的关系，通过反复训练，让机器自己找出输入与输出之间的关系，得出一个解决此类问题的最优模型，之后在面对只有输入没有输出的数据时，可以判断出输出数据是什么。

本案例中的加法学习就属于监督学习，你会发现测试集的算式可能并不在训练集中，但机器依然学会了这些算式，可以认为我们"教"会了机器加法运算。

2. 神经网络

我们如何才能真正模拟人类的智能？这需要回到人的智能本身最重要的组成材料——大脑。

生物神经网络是怎么组成的？答案是通过神经元。神经元的基本结构是树突、胞体和轴突。每一个神经元扮演的角色就是一个收集者和传话者。树突不停地收集外部的信号，大部分是其他

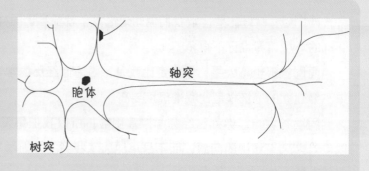

细胞传递进来的信号，也有物理信号，比如光。然后把各种各样的信号转换成胞体上的电位，如果胞体电位大于一个值，它就开始通过轴突向其他细胞传递信号。我们也可以简单地把神经网络想成自己的大脑，五官输入一些信息，大脑会根据这些信息给出一个判断，再做出指令。

神经网络是目前实现人工智能的算法之一。从算法的角度模拟人的神经元逻辑，神经元之间会传递信息，需要许许多多的神经元构成网络来完成特定的任务。因此得名为神经网络。

创意无极限

再思考或观察一下生活环节中还有哪些设备用到了机器学习，发挥创造力制作一下吧，给自己、伙伴和父母一个惊喜，并和父母一起将创意拍摄视频发送给同同爸，将有机会在同同爸的公众号展示，更有机会得到奖品哦！